每当夜深，
你是不是也在思考，
“腼腆害羞的我，真的能获得幸福吗？”

沉下心来，
品一杯茶，
感受来自这个世界的暖意。

当你敞开心扉拥抱世界，
世界也会拥抱你。

内心充盈，
外在平和，
闪耀独一无二的你。

姑娘，
愿你与这个世界
愉快相处

国内值得信任的
女性心理公益平台
柠檬心理 著

廣東旅游出版社
GUANGDONG TRAVEL & TOURISM PRESS
中国·广州

图书在版编目（CIP）数据

姑娘，愿你与这个世界愉快相处 / 柠檬心理著. —
广州：广东旅游出版社，2019.4
ISBN 978-7-5570-1558-9

Ⅰ. ①姑… Ⅱ. ①柠… Ⅲ. ①女性—人生哲学—通俗读物 Ⅳ. ①B821-49

中国版本图书馆 CIP 数据核字（2018）第 245424 号

姑娘，愿你与这个世界愉快相处
GU · NIANG，YUAN NI YU ZHE GE SHI JIE YU KUAI XIANG CHU

广东旅游出版社出版发行
（广州市环市东路 338 号银政大厦西楼 12 楼　邮编：510180）
印刷：北京晨旭印刷厂
（地址：北京市密云区西田各庄镇西田各庄村）
广东旅游出版社图书网
www.tourpress.cn
邮购地址：广州市环市东路 338 号银政大厦西楼 12 楼
联系电话：020-87347732　邮编：510180
880 毫米 ×1230 毫米　32 开　8 印张　156 千字
2019 年 4 月第 1 版第 1 次印刷
定价：45.00 元

序 言

人为什么需要与他人交往？

我们可以不依赖他人，一个人在这世界上生存吗？

我们可以没有家人朋友，一个人享受到快乐吗？

答案当然是：不可以。

我们刚一生下来，就处在一个群体中，这个群体就是家人；后来我们上了学，身边多了老师、同学和朋友；再后来，我们参加工作，身边多了领导、同事和客户；我们也许会成家，从此有了爱人和孩子。哪一样，是我们可以独自一人支撑的呢？

古希腊哲学家亚里士多德曾经说过："从本质上讲人是一种社会性动物；那些生来离群索居的个体，要么不值得我们关注，要么不是人类。社会从本质上看是先于个体而存在的。那些不能过公共生活或者可以自给自足不需要过公共生活，因而不参与社会的，要么是兽类，要么是上帝。"

人作为一种社会性动物，天性就渴望与同类交流，害怕被抛弃。试想一下，如果没有人懂，没有人爱，甚至没人陪说话，你是否会感到抑郁难过呢？

美国心理学家亚伯拉罕·马斯洛1943年在《人类激励理论》一文中提出，人类生来就有各种需求，这些需求像阶梯一样从低到高按层次排列，分别是生理需求、安全需求、爱与归属需求、尊重需求和自我实现需求。

爱与归属的需求其实就是社交需求，当最基本的生理需求和安全需求得到满足以后，社交需求就会成为我们的强烈动机。我们会希望和人保持友谊，期待得到信任和友爱，渴望得到关爱。

但是想要满足社交需求，却不是一件简单的事情，我们会遇到各种问题，比如：

面对没有人喜欢，我内心的焦虑如何化解？

我性格内向不善言辞，该怎么做才能获得别人的友谊与信任？

我害怕让别人失望，对别人的要求总是竭尽所能地满足，这正常吗？

面对讨厌的人，我该怎么才能平衡自己的心态，维持与对方的关系？

明明对话题很感兴趣，却始终插不上话？

如果你也有类似的困惑，别担心，我们来为你解忧。

《姑娘，愿你与这个世界愉快相处》是柠檬心理的第二本书。我们拒绝枯燥的理论，用最有生活气息的语言，把人际交往中出现的种种场景一一呈现，不仅教你怎么做，更教你怎么想，帮你重新定位与他人的关系。

没有人是一座孤岛，总会有人对你微笑。克服内心对社交的恐惧，发现自己，爱上自己，遇上那个更好的自己。

好好爱自己，从学会与人打交道开始。

目 录

第二章 你喜欢别人，别人也容易喜欢你

第三章 嘴甜心暖的你，值得被温柔以待

第一章

我讨厌社交恐惧的自己

没有人是一座孤岛，总会有人对你微笑。克服内心对社交的恐惧，发现自己，爱上自己，遇上那个更好的自己。

我讨厌恐惧社交的自己

当参加同学聚会，大家热热闹闹寒暄叙旧，你是和他们一起玩得很开心，还是默默坐在角落里刷手机，若无其事地打发时间？

当进入一个很多人的微信群，你是很快与群里每一个人搭上话，聊得不亦乐乎，还是常年不冒泡，生怕别人提到自己？

当走在路上，遇到认识的人，你是很开心地与他们打招呼，还是犹犹豫豫，装作没有看到，调整脚步让自己“刚好错过”？

当有一个晚宴需要参加，你是精心打扮，自信满满地出席，还是不由自主地心生退意，找尽借口推辞？

柠檬的身边就有这样的朋友，他们对于社交存在恐惧，因为害怕自己表现失常，所以总是尽力把自己从社交场合中孤立出去，但在机会溜走后又不停后悔、懊恼，“要是不那么胆小，这个机会就是我的了”。然而，当下一个机会来临时，他们又会陷入恐惧、犹豫、再次失去机会的怪圈，自信心消失殆尽，甚至产生厌恶自己的负面情绪。

曾经就有这么一位朋友，在经历一次次的失败后懊悔地跟柠檬说："我讨厌恐惧社交的那个自己。"

随着年龄越来越大，我们需要与人打交道的场合也越来越多，上面所说的几种情形，是每个人都可能会碰到的社交情境。进入社会的我们，不能再像上学时那样"两耳不闻窗外事，一心只读圣贤书"，社交是一个人展示自己的风采、融入自己的工作、拓宽自己的人际关系必不可少的技能。

但这种能力不是天生就有的，后天的培养和锻炼非常重要。因此，柠檬希望：

首先，有社交恐惧的你，不要轻易在心中给自己"判死刑"。即使你永远做不到像别人那样能言善辩、左右逢源，也不可轻易否定自己、轻视自己。尤其当在一些重要社交场合需要你发表意见时，更要相信自己。请时刻告诉自己，"我可以做到的""我是最好的"。

或者，每当遇到自己感兴趣的话题，不妨先做一个深呼吸，然后勇敢地站起来大胆地说出自己的想法。你会发现，即使不够完美，但由于那是经过自己认真思考得出的结果，也会有一些意想之外的收获，说不定还能遇到与你想法一致、志同道合的朋友呢！决不能像柠檬的那位朋友一样，对自己失去信心。试想一下，一个连自己都不喜欢的人，又怎么能让别人喜欢呢？

其次，柠檬觉得你还需要给自己减轻一下压力。有社交恐惧的人，一定程度上是因为对自己的要求太高，总是希望自己做到最好，反而因此心理压力过大，产生紧张、焦虑等负面情绪，难免会有一时失态的不良表现。

在柠檬看来，在社交方面不用太过苛求自己，事事完美的是圣人，而不是世俗红尘中有血有肉的凡人。社交的目的，仅仅是为了展现自己，拓展自己的人际关系，没有固定的社交模板和统一的社交标准。只要努力了，尝试了，尽力了，就能让别人看到你的诚意、你的信心。

最后，柠檬觉得你需要每天安排一个时间充实自己。在这个时间里，你可以广泛阅读，寻找书中的“黄金屋”。看他人生活百态，汲取养分转化为自己的社交经验。也可以通过书中的类似经历，对比现实生活中的自己，过往的社交中有无明显失误。思考一下，可以借助哪些方法或者语言技巧让自己做得更好。

没有人是一座孤岛，总会有人对你微笑。柠檬愿与你一起努力，克服内心对社交的恐惧，发现自己，爱上自己，遇上那个更好的自己。

腼腆的我，怎么处好人际关系

柠檬最近收到很多朋友的留言，他们都在问柠檬，自己在社交中特别腼腆怎么办？

我想在社交场合中，不由自主地脸红、害羞、紧张，甚至常常说错话，这应当不是个别现象。如果你也有同样的困扰，柠檬觉得你需要调整一下自己的心态。

腼腆，可能是由于太过关注别人眼中的自己。从青春期发现“自我”开始，我们每个人都越来越注重他人对“我”的评价，时刻关心“我”在他们心中形象是好是坏，才会在交往的过程中表现出拘谨羞涩、紧张不安，甚至不敢与人目光接触。

事实上，我们越是希望得到他人的认可和赞许，越是担心自己说错话，心里越是在意那些不想发生的事，就会越来越紧张，说话磕磕绊绊，总会因为说错话遭到大家的哄笑，因而更加紧张，恶性循环由此开始，直到对自己彻底失去信心，无法在人多的场合很好地表现自己。

在此，柠檬教你一个办法：当需要自己发言时，不要去想“我会不会说错话”“别人怎么看待我的表现”这样的问题，与其把注意力放在这些无关紧要的事情上，不如将注意力集中到发言内容的本身。其他无关的一切，都不要去想。等发言结束之后，再去思考在这一过程中，哪些方面做得不够好，哪些方面还有待提高，当下次再有相同情况发生时，就会处变不惊了。

即使最后没有得到所有人的认可，也请不要因此灰心，多去寻找失败的原因：如果是他人与你意见不合，你可以尝试与他沟通，交换彼此不同的想法。不要觉得“我不会说话”，就必须得接受他人的观点；更不要因为别人的批评，就开始怀疑自我。

要知道，别人的想法不一定就是正确的。你要坚持自己的观点，不断地提高自己的分辨力。如果你认为别人的观点更好，那就大方地向别人学习；如果你认为自己的观点正确，那就坚持并且大胆地说出来。

那么，如何提高自己的分辨力呢？柠檬觉得：

第一，要多读书。“腹有诗书气自华”，读书能够潜移默化地改变一个人的形象、提升自信。在公众面前表现腼腆，说话不够自信的根本原因在于，你对自己所说的内容没有把握，你不确定自己表达的观点正确与否，而博览群书则可以弥补这一方面的缺憾。只有阅读积累到一定程度，对各个方面的事物都有所了解，你才会发现自己也可以自信而自豪地侃侃而谈。并且你还会发现，自己的视野就此打开，心胸变得开阔，还能有自己的理解和创新。此时的你，已经能够分辨谁的观点更客观、谁的建议更主观，而不再盲从。这些都对你的人际关系有很大的帮助和影响。

第二，行万里路。实践总是最重要的一步，多出去走走，和外界多接触，寻找主动和陌生人打招呼、聊天的机会，练习自己在公众面前发言的技巧，慢慢锻炼自己主动表达意见的勇气，才能逐步扩大自己的社交圈。但柠檬也希望你清楚，不要期望太高，给自己太多的压力，以为可以在短时间内“一步登天”。要知道“冰冻三尺，非一日之寒”。一切顺其自然，“滴水”可以“穿石”。

此外，需要特别注意的是，腼腆不等同于内向，外向的人也可能会有腼腆的情绪。内向与外向一样，是人的一种性格，无所谓优劣，各有各的优势，也各有各的局限。外向的人往往更加直率、有活力，内向的人更加安静、谨慎，容易让人信任。因此，柠檬希望腼腆的你做出改变，但不是所有内向的人都需要改变。

同时，柠檬也希望，如果你身边有着和你一样腼腆、害羞的人，那么也请在他努力的时候给他一个友善、鼓励的微笑。微笑、友善会传递出无限的力量，它是你取得他人信任，拓宽人际关系的基石。

“讨好”是否已成为你的常态

不知道你有没有过这样的情况：和朋友一起吃饭，即使不喜欢，每次都还是听从对方的选择；别人让你陪她逛街，就算身体不舒服也会硬撑着过去……你可能觉得这只是简单的不会拒绝，而实际上，这是你在有意或者无意地“讨好”对方。

那你到底是不是上述这种“讨好”型的人呢？“讨好者”在日常生活中是有迹可循的，其特征也可以说是比较典型的，主要有以下三个方面的表现：

1. 心思细腻，有超乎常人的洞察力。能够敏锐地察觉到别人的需求，而且可以说是有求必应，宁愿委屈自己也要成全别人。

2. 不会对别人提出自己的期望与需求，认为那样会麻烦别人并引发他人的不满。

3. 害怕冲突也是“讨好者”的一个特征。他们习惯跟随他人的意见，但若是冲突难以避免，首先做出妥协的，一定是“讨好者”。

很多人觉得“讨好”是舍己为人、乐于奉献，是一种难得的品质。但其实，“讨好者”的出发点更多是“利己”而非“利他”。在他们的内心深处始终有个声音：“我必须做得好，别人才会对我好。”“我只有成为他们所期望的人，他们才会爱我。”“只有满足了别人的需求，才能得到我想要的结果。”所以，他们最终的目的是得到别人的关注、关心以及欣赏。

可实际上，所有的“讨好者”最终都会发现，尽管他们一次次因为别人的需求而忽视了自己的需求，纵使感到委屈、气愤，却也很难达成自己的目标。

那么，我们该如何打破这种“讨好者”的怪圈呢？

首先，给自己足够的调整时间。凡事讲究循序渐进，我们不能期待几天就能改变自己。学会接受现状非常重要，我们需要了解与认同自己的“讨好模式”：认真观察自己在哪种情况下更容易切换到“讨好模式”，思考自己想要讨好的对象以及方式，等等。只有充分了解自己，弄清楚事实的真相，才能让自己有所改变。

其次，树立强大的自信心。只有拥有强大的自信心，才不会把别人的看法与赞赏看得那么重要，也不会以“讨好”别人的方式满足自己的成就感。可以尝试发展一项兴趣，或者运动健身，坚持下去直到形成好的习惯。随着时间的推移，这些令我们具有强烈成就感的身心变化，最终会成为我们自我成长、越来越自信的最佳动力。

再次，有意识地关注自己的需求。我们会“讨好”，正是因为我们宁可委屈自己，也不愿拒绝别人的要求，自以为无欲无求了。但事实并不是这样的，我们也有自己的期望、要求以及喜好，这无法忽略。所以，与人一起吃饭的时候，我们可以坚持点一道自己喜欢的菜；当别人提出需求的时候，要根据自己实际的情况决定接受与否。不用担心朋友会离开，也不要担心亲人的指责，你可以站在他们的立场理解他们，但也要勇敢地表达自己真实的想法。求同存异，即使有分歧、有争吵，也可以用其他方式解决。

最后，良好的社交也是必不可少的。“讨好者”总是处于满足他人的状态，但“被讨好者”往往不会给予“讨好者”渴望得到的关心与欣赏。所以，我们必须清楚，良好社交关系是交往双方的平等。我们有理由帮助别人，也有理由拒绝别人。试一试你我皆平等的相处模式，或许对你会更好。

不要让我们本该大放光彩的人生因为“讨好”而失去意义，改变从现在开始。

你是不是聊天中的“被动局外人”

不知道各位身边有没有这样的人，又或者，你是不是这样的人?

明明对谈话很感兴趣却常常插不上话。

明明很想融入却总是被动地成为局外人。

生活中总有些人，他们自认为并非不会聊天，只是苦于找不到合适的时机；他们很想加入谈话，但总是害怕自己的话不那么“有趣”，会让别人不喜欢；他们在心里默默地把要说的话删删减减修改了 N 遍，甚至连标点符号都点好了，等着轮到自己发言的时刻，却因为思考太久，话题早就变了。

在谈话中，以上过程可能会重复 N 次。

最终，他们因无法插话自动放弃，转而倾听，并安慰自己倾听也是美德。聊天结束后，他们会因为“被冷落”而感到特别沮丧，尽管别人对他的感觉并没有想象中那么糟糕。

他们，就是我们所说的“被动局外人”。

那么，“被动局外人”为什么会无法加入别人的谈话呢?

害怕被评价，是导致“被动局外人”始终插不上话的根本原因。在“被动局外人”的认知模式中，往往充斥着根深蒂固的“自我否定”。

比如：我的内容必须非常有趣才可以开口发言，我现在发言一定会打断别人的思路，还是再等等吧；我这么说的话一定会被大家否定的，还是再想想吧……

“被动局外人”每次发言之前都会给自己的想法打个“叉”，自己将自己束缚。发言的机会就在一幕又一幕自我否定的内心戏中错失。

既然如此，那我们该如何踏出改变的第一步呢？不妨从以下三点开始：

第一，熟悉谈话规则。很多时候插不进话就是因为我们不熟悉对方的规则。每个人都有自己的发言模式，对发言之间的间隔预期长短不一。那些对间隔预期较短的人往往发言较多。所以，当多于三人谈话时，不妨思考如何适应对方的规则。可以通过对方语言的形式、内容和语气去揣摩对方想表达的中心思想，以及他会期望在何时得到一个怎样的回应，这样一来，你才能找到合适的谈话节奏。

第二，关注自身的需求。想和朋友们分享自己的观点，想融入集体，想和朋友建立更紧密的连接……把这些想法当作你改变的开始。但一定记得，在这一过程中，你的感受永远比其他人的看法和评价更重要。改变从来不易，试着从最简单的自我表达做起：“我觉得你说得很对，我认为……”

第三，尝试接受自己本来的样子。如果加入谈话很痛苦，也不用强迫自己，不是每一个人都必须是话题的中心。如果一直否定自己，不接纳自己，就会陷入可怕的循环：我不想受到评价，我的想法会被否定，我还是不说话为好，果然大家都不在乎我，最终受伤的还是我自己。毕竟，这个世界说话的人太多，听的人太少。做一个聆听者也没什么不好。

你所做的真的是你所想的吗

或许很多人都会遇到这样的情况：

你明明心里不喜欢这个同事，但是表面上还会和她打招呼问好；

当大家兴冲冲地讨论某个明星是怎么帅的时候，尽管你明明觉得这个明星长得很普通，也会表现出很喜欢的样子，只为参与到大家的聊天中；

当你的上司给了你太多工作，你明明深感不满，表面上却会欣然接受，并假装高兴地向上司表示："保证好好完成任务。"

很多时候，我们都会"身不由己"和"言不由衷"，所以你很难从一个人的行为中去判断他内心真实的想法，这是为什么呢？

第一个原因，是反向作用。是指一个人采用与自己的意愿相反的行为或想法来进行心理防卫，避免暴露出自己的真实想法的行为。比如，当一个小偷听见别人在讨论小偷时，会很激动地表明自己对小偷的厌恶和憎恨。正是因为他害怕暴露出他自己是小偷的事实，所以才会在行为上极力撇清自己，表现出对小偷的厌恶。

同样，当男女一起交流时，也同样存在着反向作用。比如，当一个女孩对一个男孩有好感，她可能会不敢直视对方，偶尔视线对上，也会迅速移开，这其实恰恰表明其非常渴望与该名异性交往。“明明我的心里就想这么一直地看着你，但是我就不这么做，因为我怕你发现了我的小心思。”

第二个原因，是外界因素的作用。曾经有电视台做过这样一个采访，记者在街上随机选了 50 个路人询问他们：当遇到老人摔倒时，会不会扶起老人。绝大多数的路人都表示自己会扶起老人。就在离采访地比较远的另一条街道，另外一个记者正偷偷地假扮老人摔倒在路边，观察之前接受过采访的那些路人会不会真的过去扶起老人。然而，最后真正走上前扶起老人的人并没有几个。

之后，记者再次对他们进行采访，很多人回答，“我担心会遇到老人的讹诈”“我担心别人会以为是我撞的”“我不知道他是不是真的摔倒了”。他们虽然产生了“想去上前帮助”的想法，但是种种外界限制因素却让他们不敢把自己的想法付诸行动。

事实上，这并非偶然，在现实生活中的你，可能会因为担心与同事决裂引起麻烦，而克制自己对他的厌恶，选择与他交好；可能会因为害怕被大家孤立，而选择违背自己内心的意愿附和大家的观点；可能会因为害怕上司否定自己，而抑制自己对上司的不满并努力地完成他交给你的任务。这些外界因素让你不得不克制你内心真实的想法，并表现出另外一种完全相反的行为。

因此，很多时候并不是我们不想这么做，而是种种限制让我们不敢这样去做，那么什么时候外界因素对你影响更大？什么时候你的内心想法对你影响更大呢？

有研究表明，如果当前的这件事情对你足够重要、影响力足够大时，你的想法对这个行为所起的决定作用也就越大，而当时外界环境的影响相对就越小。因此当你在做某些重要的决定时，告诉自己不要太在意外界的影响，而是要好好问问自己的内心，你是不是真的想这么做。

不过，值得一提的是，当你的想法由于外界因素被压抑时，并不代表这个想法就真的对你没有了影响，就真的不会表现出来了。很多时候只是它隐藏得太深，没有被你发现而已，或者转而表现出另外一种行为。比如，当你心里特别不想做某件事，但是碍于外界的压力而最终选择了去做时。

显然，这时候虽然外界的压力对你的影响占据了上风，但其实在你的内心深处，依旧会有一个响亮的声音："我是不想做这件事的！"这会潜在地影响着你的行为，首先你在做这件事时，会表现得很不情愿，总是拖拖拉拉。其次，你也很有可能因为这种不情愿而迁怒他人。比如你在公司对上司不满，但是又不敢对他发泄出来。当你回到家里时，就会因为一些鸡毛蒜皮的小事，与自己的丈夫争吵起来，又或者因为孩子犯了一点点小错，就大发雷霆。显然，这时候你把对上司的不满转移到了家里，对家人发泄了出来。

所以，虽然受种种外界因素的影响，我们压抑了自己的内心想法，选择妥协，做出了与之相反的行为，但是这种想法仍然在潜意识里影响着我们的行为。只有明白了这一点，我们才能更好地做自己，让生活变得更加美好。

其实，我也想好好拥抱你

有时，在热闹的派对现场，你总是希望和人群保持一段距离，甚至干脆离他们远远的。

有时，你的另一半靠近你，想要拥抱你，可是你却会感觉浑身不自在，恨不得把自己蜷成一团。

你渴望恋爱，却一直把喜欢自己的人一次次推开，用一堵无形的“心墙”把所有想和你亲近的人都挡在了外面。

你也想好好拥抱他，却始终迈不出那一步。一方面你渴望和他人建立亲密关系，另一方面你又担心自己的感情付出得不到回应，于是你开始焦虑，并慢慢地回避亲密关系的建立，和每个人也难以交心。

其实，你和很多人一样，得了一种叫作“亲密关系恐惧”的病。

亲密关系恐惧指的是，一个人恐惧和他人产生身体或情感上接触的行为。主要表现为，在人际交往中，总是刻意地与人保持一定的距离，拒绝与人过度亲密，很难融入某个圈子。

导致亲密关系恐惧的原因有很多：早期关系受挫、被重要的伙伴伤害、缺乏人际交往技巧等。

那么，我们该如何跨越亲密关系恐惧障碍呢？

首先，我们应该学会好好分析自己，揪出那些亲密恐惧因子。这个过程是治疗亲密关系恐惧的重点，可能有些痛苦，但没关系，慢慢来。你可以拿起一支笔，在纸上列出可能导致自己害怕建立亲密关系的因子，比如在你小的时候，爸爸妈妈对待你的方式；在你的成长过程中，那些曾经给你留下不愉快的交往体验和经历；缺乏人际关系处理技巧；等等。

这些亲密恐惧因子或许不大好找，但你可以思考一下自己有这种恐惧障碍的节点，比如在那个当下时段里，究竟发生了什么特殊的事情？一定要静下心来仔细回想，在这一过程中可以放一些舒缓的轻音乐进行辅助回忆，以帮你更快进入情境。如果在回忆过去的过程中确实存在困难，可以寻求专业心理咨询人士的帮助。

其次，着手改变。找出亲密恐惧因子之后，要尝试着接受现实并逐步解决这些问题。过去的终将过去，只有你鼓起勇气，想方设法努力改变那种“想要逃离亲密关系，拒绝和他人连接”的想法，才能重获安全感。不妨给自己一些心理暗示，进行心理按摩，时常告诉自己，没有人是一座孤岛，每个人都是值得被爱的，你很棒。也可以在每天早上起来之后，对自己说一句“有很多人关心着我，我很幸福”。

学会信任和接受自己，相信自己，其实你很好，你值得被爱。请相信，拥有亲密的情感关系，并不是因为你需要别人来让你圆满，而是你们可以互相分享自己的圆满。

最后，尝试迈出。做好了这些前期准备，你可以正式开始一段亲密关系了。不用着急，可以慢慢来，初次尝试持续的时间不用很长，但请一定努力去适应，不断重复之前的心理建设。你可以制造和他出去吃一次晚餐的机会，可以尝试一个浅尝辄止的拥抱，当紧张无措的时候，先给自己一个深呼吸进行放松，并努力集中注意力在当前的事物上。你可以采用和对方聊天的方式来缓解紧张，告诉自己“和他人相处没有那么难”。

慢慢地，你会发现，和他人建立亲密关系真的并不难，不仅如此，它还会让你的生活更加丰富和有趣。**请相信，世界上一定有你的爱人，他会怀着满腔的热情和沉甸甸的爱，走向你，抓紧你，拥抱你。可是，亲爱的，你也愿意伸出双臂去拥抱他吗?**

不要得了“人造开朗”这种病

不知道你有没有这样的经历，明明自己是一个安静寡言的人，但在工作或聚会时总会表现得无比活跃，和各种素未谋面的人一秒钟熟络，嘴里的俏皮话不停地蹦出，以致别人都觉得你是个活泼可爱、热心正直的“五好青年”。

其实，当你回到家后，最想做的就是迅速抽离自己微笑的表情，一句话也不想说。撑着下巴看着窗外流光溢彩的城市夜景，一次次地问自己：“这不是真的我啊？”

这是一种表面的开朗，也叫“人造开朗”，指原本性格内向的人，在周围环境的逼迫与刺激下做出开朗的表现，如话痨、肢体动作丰富、热爱分享、喜欢多管闲事等。

与“天生开朗”有所不同，“人造开朗”只是一种外界环境的应激反应，多见于工作与聚会场合。

每当看到“人造开朗”这个词，柠檬的心情还是挺复杂的。生性恬静少言的一个人，却要以精致妆容闪耀于各种社交场合之中。表面看起来似乎是一件好事，通过人造的“开朗”，让自己变得有趣可爱，突破了自我，收获了成功。但又有谁知道，那个真实的自己仍然被深深藏在心里，从未消失过，依然胆小、害怕生人、不善言辞，当与别人争论时，依旧会不争气地因为委屈而哭出声来。他们还是很在意别人对自己的看法，说出的每一句话、做出的每一个动作，都需要经过再三思量。在夜深人静的时候，他们会无比讨厌现在的自己，觉得已经背离了自己的本心。

我们常常谈及的“孤独感”从来都不来自于外界，它来自于我们一次又一次地逃离本心。

“人造开朗”的背后，隐藏的是他们无法逃避的孤独感。他们已经熟练到不需要任何心理预设就能轻松应对形形色色的人，也已经习惯了把自己最好的一面袒露在朋友面前。在开始一件事情时首先衡量的是能从中得到的好处，眉飞色舞、左右逢源地说话不过是为了掩饰内心的自卑。别人眼中的他们永远春风满面，但是只有他们自己才知道，自己的内心早已风尘仆仆。

人们对“人造”的东西好像总存在那么一点儿偏见，“人造开朗”也被认为是人性虚假的一面。但是，对于“人造开朗”的朋友们来说，收敛锋芒，更多是为了不伤害别人，为了更好地保护自己。所以，请给他们多一点宽容。

同时，亲爱的“人造开朗”者，请永远记得：我们每个人都是这个社会的一分子，为了融入社会，就必须把自己打磨成恰到好处的形状。所以，聚光灯下那个气场全开的人是你，马路上那个素面朝天的人是你，宴会上那个明艳动人的人是你，聚会上那个放肆欢笑的人是你，他们都是真实的“你”。

不用纠结哪种状态的“你”更好，每一个“你”都是全新的。当夜深人静自己独处时，别忘了做回那个最真实的你，那些狠狠憋住的眼泪，是你面对这个世界的真实态度。

谁是你的“重要他人”

柠檬最近读到毕淑敏老师的一篇《谁是你的重要他人》，心中颇有触动。

文章说毕淑敏小时候被合唱团选中，她因为个子高，被排在了中间的位置。

但是排练过程中因为总是跑调，被音乐老师以“一颗老鼠屎，坏了一锅汤”的理由当众赶出了合唱队。

可是三天后，因为找不到与毕淑敏身高相似的同学，于是音乐老师又把她喊了回去、音乐老师是这样对毕淑敏说的：“毕淑敏，你听好，你可以回到队伍里，但要记住，从现在起，你只能干张嘴，绝不可以发出任何声音！”

说完，音乐老师还伸出手指直接挡在毕淑敏的嘴唇边，那竖起的食指如同一道符咒，锁住了毕淑敏的喉咙，此后她再也没有当众唱过歌。

虽然我们从心里反感音乐老师的做法，但很明显音乐老师是毕淑敏的一个“重要他人”。这个“重要他人”不是我们生命里存在的多么重要的人，而是指一个人在人格形成及融入社会的过程中，对自己具有重要影响的人。

“重要他人”的概念是由美国社会学家米尔斯（C.W.Mills）提出的。一般来说，人的一生会受到四类重要他人的影响，他们分别是幼年时期的父母、童年时期的老师、少年时期的同伴以及成年时期的恋人，还有关系亲密的朋友和同事。重要他人不仅会影响我们在日常生活中的情绪状态，也会影响我们对生活的满意程度，他们的一个动作、一句责备，甚至一个眼神，都有可能对我们的生活产生巨大的影响。

所以，我们常常说，和什么样的人在一起就会有什么样的人生。

因为我们评价自己时主要有两种方式，一种是自我评价，一种是他人评价，其中“重要他人”的评价对我们的心理机能会产生更明显的影响。

我曾经和朋友谈论过类似的问题，朋友说她小时候挺喜欢唱歌跳舞的，但是有一次过年在亲戚面前唱完歌后，她妈妈大声笑着说唱得好难听啊，她从此就总是觉得自己唱得很难听，不愿意再唱歌。所以每次聚会唱歌，她总是那个躲在角落微笑鼓掌的人。

“重要他人”对我们的影响是不可估量的，我们的生活会不自主地受到“重要他人”的改变。比如恋爱时我们会爱屋及乌，把对方的爱好变成自己的爱好。大学里也存在一种“宿舍效应”，如果一个室友认真学习，其他同学也都会去学习；如果一个人谈了恋爱，其他人也会有恋爱的冲动。

影响我们行为的除了我们的意识，还有我们的潜意识。在

潜意识中，我们会顺着“重要他人”的行为进行判断和选择。

我们的某些性格和反应模式都会因为这些“重要他人”的影响而被打上深深的烙印。当时可能因为你还小，还没有判断力，受了伤，那都不是你的错。但如果你的伤口流血至今，你就要自己想办法包扎，不要再给它机会继续影响你的今天、明天，甚至限制你的未来。

记忆无法改变，但对现在的我们来说，却可以循着“重要他人”这条线索重新梳理，重新审视我们的规则和模式。如果“它”是合理的，就会变成前进路上的明灯，成为理智的一部分。如果“它”是晦暗的，那就用有力的双手把它粉碎。

愿你打破禁锢，在生活的舞台上放声歌唱。

你总是想太多

你有没有过这样的感觉：

工作中，同事千叮咛万嘱咐拜托你一件事，但你却忙着忙着忘记了。虽然事后同事也表示了“算了，没关系”，可你却会反复琢磨这个“算了”到底有几个意思——是真的不要紧，还是对你感到失望透顶？想得头昏脑涨最终也得不出答案，你开始变得焦虑不安，甚至怀疑自己的能力。从此，你在职场上如履薄冰，唯恐自己再做错了事。

恋爱中，你们都把彼此看成这世界上最亲密的人，对方说的每一句话都深深烙在自己心里。当白天的喧嚣散去，夜幕降临，你孤身一人，忍不住再次回味白天对方所有的言语。许久之后，“话中找茬”的游戏开始了。

婚姻生活中，已婚的你会时常猜测丈夫的行为，晚归的丈夫是不是出去鬼混了？他紧握着手机专注的样子，是不是跟哪个“小妖精”聊兴正欢？时间一久，失眠多梦，精神不振，暴躁易怒。一有风吹草动就会和丈夫大闹一场，任凭对方怎么解释都是徒劳。

明明只是一些很小的事情，却都能让你联想颇多，惶惶不可终日。

那么，我们为什么会想太多呢?

想太多的人往往心思细腻，敏感多情，缺乏安全感。还有可能是闲暇时间太多，找不到生活的方向，没有明确的目标。也有可能是因为在我们的内心深处总有着一种“我多想想，可能答案就出来了”的想法。因此，我们才会把很多事情分析得十分复杂，把一句话演绎出无数种意思。即使别人只是说了一句“你别想太多，我没那个意思”，也会引发你许多的联想，你会在内心不断地思考：他说的是没哪个意思呢？让我哪方面别想太多呢?

那么，我们该如何克制呢?

首先，记住该记住的，忘记该忘记的。改变能改变的，接受不能改变的。不妨换个思路，既然想太多是徒劳的，那我们又何必去想呢？在没有找到解决问题的方法之前，与其杞人忧天，徒增烦恼，不如先顺其自然，静观事态的发展，伺机而为。

其实，可以尝试强迫自己停下来。在自己想太多的时候，不如尝试强迫自己停下来，告诉自己这些并没有那么重要，我还有其他更有意义、更好玩的事情可以做，把这些乱七八糟的想法都甩出脑袋，踏踏实实做正事。或者看看自己专业方面的书籍资料，了解行业的最新动态，或者跟其他宝妈、宝爸交流育儿心得，或者跟朋友一起享受玩乐时光……

人总会有太多的想法，这些想法会让有的人变得积极，有的人变得消极。但无论怎样，想开点，烦恼也就不在了。此外，活在当下，不要去思考那些自己无法掌控的事情。既然事情已经过去了，结果摆在眼前，想得再多也是徒劳。那些来不及的、错过的、遗憾的、糟糕的……就此搁下。

把精力放在能够解决的问题上，想想解决的办法，列出清单，从中找到最可行的一个。你会发现，你的天空变得越来越开阔。

让你不好意思的，往往没那么在意你

你有没有这样的感受：

有人在公众场合叫你一声，你脸开始爆红，觉得大家都因为这喊声在注视着你，但其实仔细观察，原来身边的人都只是在低头玩手机、聊天，根本没人注意你。

又或者你在某次聚餐活动中，看到自己很喜欢吃的一道菜，却就是不好意思夹。你担心别人会嘲笑自己，太过好吃没有规矩。但事实是，大家都在你吃你的、我吃我的，谁都没有在意你。

类似的场景还有很多，大都处于“我是不是太那什么了”“别人是不是都在看我”这种思维模式中。所以，今天柠檬就想和大家一起探讨这个话题：为什么我私下都很正常，一到公众场合就不好意思，觉得“大家都在看我”呢？

一到公众场合或一些特殊场合，我们会产生“不好意思、不自在”的情绪，常常表现为紧张、难为情、脸红和退缩，这都是羞怯的心理表现，就是羞涩胆怯。

羞怯形成的原因有三种：

第一种类型，气质型羞怯。属于典型抑郁质的，比较敏感，对外界刺激感受性高，而耐受性低，喜欢安静的环境，回避刺激。这种人一般说话低声细语，一言一行都思前想后，顾虑重重，胆小怕事，见人就脸红，羞于交往。红楼梦中的林黛玉就属于这一类。

第二种类型，认识型羞怯。即由不正确的认识引起的怕羞。这种类型的人往往很在意别人的评价，总是担心自己的言行暴露在别人眼中，会被别人否定。所以当他们置身于特定场合，就会过分地自我关注，就像总是疑惑“我这样坐着，是不是显得没礼貌”“我吃这么多，人家会不会觉得我没见过世面”“我现在是不是脸红了”，等等。结果越是关注自己，越想给别人留个好印象，就越是行动不自然，导致脸红、怕羞。有些人小时候很活泼，在众人面前说话自然大方，但长大后反而容易害羞，这种类型的怕羞多半是认识型的。

第三种类型，挫折型羞怯。这种人原本并不怕羞，性格也比较活泼开朗，喜欢交际，但由于经历过某种挫折，害怕再遇到类似的挫折，开始变得胆怯。比如，一次在大庭广众下演讲讲砸了、老板交代的事情做砸了等，这些都可能引起羞怯。

了解了羞怯主要源于哪一种，就可以制订相应的调整方案。比如，当和心仪的男生出去吃饭，你满脑子都是“我一直问他问题，他会不会觉得我很烦，觉得我很糟糕”“我这样吃饭，他会不会觉得我吃太多，会不会就不喜欢我啦”等，当你脑子都被这些不合理的认识充斥着，只会片面、消极地去看待事情，心理负担过大，就很难自在地表现自己。

所以，你需要不断地与自己的不合理心理辩论，“我说话比较多，这样彼此了解也能更快。他也许会看出我的性格比较活泼，觉得彼此性格互补”“我真实地表现自我，他就可以了解真实的我，相处下去就可以发现我的很多优点”，等等。当我们能够更客观地去看待事情，改变我们的不合理想法时，就能减少羞涩，自在轻松地表现自己。

最后，柠檬再教你一招，当你在公众场合备受关注，而你又觉得自己“不好意思”时，不妨在心里对自己说一句：“让你不好意思的，往往没那么在意你！”

不要拒绝和陌生人说话

电视剧《不要和陌生人说话》，将现实生活中存在的家暴问题毫不留情地展现在大众的视野中。只是多年之后，当这部电视剧再次走入大众的视线时，其涉及的话题范畴已经不再局限于家暴，更多的是这个名字表面的含义，“不要和陌生人说话”，已经成为很多家长对孩子的忠告。

其实，不只是孩子，就算是已经成年的我们，对于和陌生人接触，大概在很多人的潜意识里也都是拒绝的。从小到大，我们就被灌输了陌生人的种种可怕之处，长大之后又或多或少受到过陌生人的骚扰，所以，从心底里早已形成了对陌生人的抵触情绪。

然而，事实上，我们真的可以拒绝和陌生人说话吗？

学生时代，新升入的每所学校，周围的同学对你来说都是某种程度上的陌生人；公开演讲时，面对的也是与你素昧平生的听众；入职面试中，决定你命运的依然是陌生的考官……此时的我们，不得不放下对陌生人的抵触情绪，开口和他们说话，只有和他们有了进一步的交流，我们才能得到我们想要的。

所以，如果一味地拒绝和陌生人说话，你的人际关系、你的社会状态都将会出现问题。学会和陌生人沟通，才是符合现代社会需求的必要技能。

今天，柠檬就和大家一起谈谈让陌生人和你说话并且交往的小技巧。

心理学上讲，如果能够找到和陌生人的共同点，就可以打破因初次见面互相不熟悉导致的心存戒备的窘境了。这里所说的共同点涵盖了很多方面，比如，你们可能是同一个地方的人，喜欢相同的运动项目，喜欢相同的公众人物，关注相同的社会现象，等等。你们的共同话题越多，精神层面的碰撞也就越激烈。究竟他最后会成为你的好朋友还是毫不相干的陌生人，只有聊过才能知道。

那么，我们怎么才能找到共同点呢？很简单，一个人的心理状态、精神追求、生活爱好等，或多或少地都会表现在他们的表情、服饰、谈吐、举止等方面，只要你善于观察，就会发现。当然，仅仅找到这些共同点是不够的，还要对这些共同点感兴趣才有意义。否则，如果你对其一点兴趣都没有，也无法引出话题，依然还是无话可说。

另外，要想打破沉默的局面，如何开口讲话也是很重要的。你可以主动询问对方是从哪来的，通过他说话的口音与神态展开话题；也可以帮对方做些力所能及的事情，比如递纸巾、帮对方拿下手中的东西等。只要引导着打开对方的话匣子，双方的共同点就能更加容易地显现出来，投不投机就是下一个环节了。

双方的话匣子一旦打开，随着话题内容的不断深入，你就会挖掘出更多的共同点，被挖掘出来的共同点越多，你们交流的层次就越深。

“拒绝和陌生人说话”，不是最佳的生存法则。我们应该学会如何保护自己，也要学会怎么和陌生人说话。当我们放下戒备让陌生人和我们说话时，“不拒绝”可能会给自己带来意想不到的惊喜。

举个简单的例子，如果你是法学系的学生，要在法院实习，遇到了一个陌生的学长，不要害怕，大方地向他介绍自己的情况、自己的专业，虚心地向他请教，可以问问他目前的职位和你所学的专业在他眼中的未来发展前景，也可以了解一下你能为他做些什么。你如此真诚有礼貌，谦虚却又不失大体，显然是一个有前途的“好苗子”，怎么会有人忍心拒绝你呢？最为重要的是，分别的时候千万不要忘记要联系方式。

所以，与其挖空心思时时想着如何拒绝和陌生人说话，不如认真思考怎么才能让陌生人变成自己的贵人！

第二章

你喜欢别人，别人也容易喜欢你

要想赢得别人的好感，首先就要表现出对别人的喜欢。

你喜欢别人，别人也容易喜欢你

有时候，我们喜欢一个人，并不是因为他的外貌、社会地位、人格品质等具体方面的原因，而仅仅是因为他喜欢我们。

那么，我们又是为什么会喜欢上那些喜欢我们的人呢？一方面，喜欢我们的人使我们体验到了愉快的情绪。只要一想起他们，就会想起和他们交往时所拥有的快乐，所以看到他们心情自然就好。更重要的是，那些喜欢我们的人，极大地满足了我们受尊重的需要。因为他人对自己的喜欢、欣赏和肯定，本身就说明自己对他或者对社会是有价值的。

心理学上把这个心理规律叫作“两情相悦效应”。

当你发出喜欢别人的信号时，别人也能够感受到，也就容易喜欢你；同理，当你不喜欢别人时，别人也可能会不喜欢你，因为你发出的不友好的信息，他们同样可以感受得到。

但是，“两情相悦效应”也不是适用于每个人的。一个人如果自我尊重程度较低，不是特别自信，那么他们就会特别需要别人的肯定，特别看重别人对自己的喜爱，因此也就特别不喜欢那些给他们否定评价的人。反之，如果一个人自我尊重程度较强，比较自信，那么别人对他表示出来的喜欢和赞扬，对他的影响就不是很大。

现实生活中，很多人自信的程度是达不到“他强由他强，清风拂山冈”的理想境界，因此我们大多数人都需要别人对自己的肯定，这也是我们更倾向于喜欢那些喜欢自己的人的原因。

另一方面，在生活中，我们要想让别人接受我们的见解，往往需要让他对我们产生好感。正如一句话所说：“假如你想说服别人，让他认为你是对的，让他按照你的意见去做，那么只是向他们提出良好的建议还远远不够，必须先让他们喜欢你，否则你的意图就会落空。”

有些人就很善于利用这个心理效应去赢得别人的好感，从而说服对方。世界上最了不起的卖车人乔·吉拉德成功的秘诀之一，就是让顾客喜欢他。为了让顾客喜欢他，他会做一些看上去费力不讨好的事情，比如每一个节日，他都会给他的 1.3 万名顾客每人一张问候的卡片，卡片内容会随季节变化而变化，但卡片的封面永远是同一句话：“我喜欢你。”乔·吉拉德说：“卡片上除此之外就没有别的东西了，我只是想告诉他们我喜欢他们。”而乔·吉拉德正是借助于这种方式成为世界上最了不起的卖车人。

因此，在社会交往中，如果我们想要别人喜欢自己，就要注意，尽量不要表现出对对方的不满和不喜欢，这不仅是基本的礼貌，也会避免对方对我们产生不好的印象。

比如，在朋友家里，看到他家的小孩过于活泼，总是东摸西抓，片刻不停，让我们感到厌烦，也不要表现出来，可以换个角度去思考，并尝试对孩子的妈妈说：“这孩子真是活泼可爱！”要知道，孩子是父母心中的“小太阳”，就算他的父母明知道自己的宝贝有缺点，但当别人直接指出来时，他们还是会不开心的。

总之，“两情相悦效应”告诉我们的就是，要想赢得别人的好感，我们首先要表现出对别人的喜欢。

让人喜欢你的五种方法

我们知道，每个人对生活、对工作的追求是不同的，而唯一相同的是与人交往时我们都希望得到对方的喜爱而非厌恶，那么如何让人喜欢自己呢?

今天就让柠檬告诉你让人喜欢自己的五种方法，希望朋友们都能在今后的人际交往中如鱼得水。

第一，真诚地对别人产生兴趣。首先我们要明白一点，想要别人对我们产生兴趣，我们就要先对别人产生兴趣。这和尊重与被尊重一样，只有真心诚意地付出，才会有好的收获。若我们总是期待交到更多关注自己、对自己感兴趣的朋友，那么就要先去了解关于他人的信息，倾听他们的兴趣，为他们做些力所能及的事，比如可以通过点头、询问来积极响应他们参与的话题；记下他们的姓名与生日，在他们生日当天送上简单的祝福，有时候一份小小的礼物也能快速增加他人对你的关注与兴趣。

第二，给人留下好印象。初次见面的印象能在对方脑中占据主导地位，影响之后他对你的评价和态度。所以，第一次在别人面前展现的形象、性格特征尤为重要。那么，首次与人见面时就要注意：在穿着、打扮上尽量符合当前所处的环境，比如登山、踏青时，运动鞋一定比皮鞋合适。而在性格展现上，热情、平易近人好过高冷、阴沉。

如果恰逢心情不佳、难以保持微笑和活力，也不妨通过一些实际的行动来改变心情，因为我们的行动和心情总是趋向于一致的。比如试着和别人说说笑话，主动融入集体欢乐的氛围中。渐渐地，你会发现那些阴郁心情会随着自己不断融入环境而得以改善。

第三，你要记住接触中的每一个人的姓名。当别人向你介绍自己时，不能听过就忘，那是对对方的不尊重。记住他的名字，将他说的话与他的名字对上号，尽管这可能需要花费一些时间。在下一次会面时，当你准确无误地喊出对方的名字时，距离就这样被拉近了。

比如在前段时间比较热门的综艺节目《向往的生活》中，黄磊认真地询问了工具店老板的名字后，并亲切地称人家为“老高”，在其后几次的拜访中，事情顺利了不少。

第四，做一个善于倾听的人，鼓励别人多谈谈他们自己以及他们的兴趣。也许你更加渴望像演说家那样谈吐不凡，其实有些时候，在一段谈话中扮演好倾听者的角色也会成为一个人的加分项。大多数人不喜欢自私的人，而自私的人往往不会倾听，只会喋喋不休地谈论他们自己。

如果你想要得到别人的喜爱，那就在倾听的同时，主动询问一些对方喜欢回答的问题，谈论一些对方感兴趣的内容，这不仅是对他人的一种鼓励，也是你成为受欢迎的人的必备条件之一。

第五，让别人感受到他自己的重要性。发现别人的优点并去学习，这是让别人感到自己重要性的方式之一，比如让别人参与到你讨论的项目中，请他对自己的弱项进行帮助，等等。我们要记住一句话："凡我所遇到的人，都有比我优越的地方，而在那些方面，我能向他学习。"当一个人发现自己的优点被他人所学习时，他不仅会因为自己成为别人的目标和榜样感到自豪，还会对学习他优点的这个人产生好感。

不管你面对的人是谁，展现一些必要的尊重都不会伤害到你。比如，当发现某个人即将与你握手，不妨向前几步，稍微倾斜（暗示弯腰）主动伸出自己的手。谈话时，要注意倾斜脑袋，保持开放的身体姿势，不要总是抱臂和跷腿。你的放松和对对方表现出的兴趣，会让他很快喜欢上你。

任何事情想要成功，都需要一些工夫与方法，想让别人喜欢自己同样需要掌握一些技巧。以上柠檬介绍的这五种方法或许对你有用，想要获得别人的喜爱，就果断地试试吧。

为什么我们对圆脸有藏不住的喜爱

人的脸型分很多种，有范冰冰代表的瓜子脸，有宋慧乔代表的鹅蛋脸，有Maggie Q代表的长脸，有李宇春代表的方脸，也有颖宝代表的圆脸。

本来不同的脸型有不同的韵味。不过，最近我发现，人们有偏爱圆脸的趋势，想知道为什么吗？

其实，这都是“娃娃脸效应”在起作用，今天柠檬就来和大家聊一聊这个话题。

人们对婴儿面孔表现出偏好，总喜欢拥抱、抚摸他们，这就是所谓的“娃娃脸效应”。我们对具有婴儿特征的成熟个体、动物甚至非生命物体会产生一种积极情感，甚至保护欲，而圆脸又叫“娃娃脸”，和婴儿的面部特征相近，因此人们也就对圆脸的人产生了偏好的泛化，这种泛化也被叫作“泰迪熊效应”。

那么，我们为什么会对具有婴儿特征的个体产生偏好呢？有学者用“婴儿图式假说”来解释这个现象，主要有以下三个方面的原因：

第一，本能。从生物进化论的角度来说，人都有繁衍后代的需要。当新生命出生时，我们要对他们进行抚养和照顾，悉心和温暖的照顾能让下一代具备更好的发展素质，继承和遗传优秀的基因，这关系到种族延续性的繁衍。

所以人们对婴儿持有积极情感是自然的、本能的、生物性的反应。而“娃娃脸”因为具备了婴儿的特征，激发了我们这种照顾性的本能，让我们产生了“他需要被关爱、照顾”的感觉。

第二，都是大脑在“作怪”。婴儿面部特征能激起大脑中的奖赏、警觉和情绪等功能，让人“看一眼就开心”。这是因为当我们看到一些婴儿的照片时，大脑里控制情绪、注意力、判断力的脑区会被激发，我们会因此感到愉悦，注意力几乎完全被婴儿吸引。而具有婴儿特征的成人面孔，其激活程度会更高。

第三，特质。具有“娃娃脸”的成人往往被人们认为善良、热情、乐观、友爱，所以人们对他们的互动也更趋于友好，对他们表现出更多的喜爱。虽然有时会因此产生认知偏差，但是不必担心，因为面孔带来的第一印象并不会持续，对一个人的认识和感受是会随着不断的人际交往而慢慢发生改变的。

任何事物都有两面性，这种“娃娃脸效应”也同样具有两面性。比如，我们往往会对拥有娃娃脸的人抱有偏见，认为他们不够专业、缺乏刚强等。

其实范爷有她的美艳，乔妹有她的清纯，Maggie Q 有她的干练、李宇春有她的帅气，颖宝有她的可爱，每一种脸型都是这个世界上独一无二的，各有自己独特的味道。只有找到适合自己、让自己舒服的方式，才能更加自信。永远记住，你就是你。

多远的距离才最“美”

给大家一个选择题，公交车上就剩最后一排有空座位，但是第一个和第五个位置已经有两个陌生人坐着了，这时候的你，会选择坐在哪里呢?

我想不只是柠檬，也许大部分人都会选择第三个位置吧，原因很简单，互不打扰。

这在心理学上被称为“个人空间效应”，就是说，与人交往时，我们都需要自己的个人空间，这个个人空间一般是不容侵犯的，但又不是无限大的，总之，就是一个让自己和他人都舒适的空间。

那么，人和人之间到底要存在多大空间才能感到舒服呢?今天柠檬就和大家一起来谈论这个话题。

心理学教授经过大量的研究后，提出了人际交往的“人际空间”理论，就是说人们对个人空间的要求，会随着他们所处环境和交往对象的变化而有所不同。

45 厘米以内的接触，是亲密距离。这时，人们互相传递信息的方式不仅包括语言，还有身体接触等外表动作。身体上的接触可能表现为挽臂执手，勾肩搭背，甚至肌肤相亲，耳鬓厮磨，以至相互能感受到对方的体温、气味和气息。

一般只有情侣、家人、朋友才被允许进入这个私人空间，外人闯入会引起我们强烈的不安。比如在拥挤的公共汽车、地铁和电梯上，由于人群的拥挤，亲密距离常常遭到侵犯。这种时候，我们要尽可能地在心理上保护自己的空间距离。比如避免眼神同他人接触，用胳膊护住自己身体，身体不随意动弹，在电梯里抬头看楼层号码等。

45 厘米到 120 厘米，是个人距离。就像伸手碰到对方那样，虽然认识，但是没有特别的关系。这是在进行非正式的个人交谈时经常保持的距离。

120 厘米到 370 厘米，是社交距离。就比如办公室里，一起工作的人们总是保持着这种距离交谈，或者与没有过多交往的人寒暄时也会保持这一距离，这体现出一种社交性或礼节上的较正式关系。我们会发现一个很有趣的现象，重要人物的桌子通常很大，致使他人与他谈话时保持相当的距离。

370 厘米到 750 厘米，是公众距离。公众距离是产生空间势力圈意识的最大距离。一般作报告、讲课、表演等都属于此范围。

关于个人空间，还有很多有趣的研究和发现。比如有心理学家称，不同文化背景的人对保持他人与自己距离的远近有不同的偏好，南欧人比中欧人和北欧人彼此靠得更近，犹太人比法国人、北美人靠得更近。

有人曾幽默地举过这么一个例子：当一位习惯于近距离的阿拉伯人跟一个习惯于远距离的英国人走路时，他们会像拉风琴一样，一前一后、忽远忽近地展开“拉锯战”，场面非常有趣。

心理学上还有一个有趣的发现，那就是女人比男人在交谈时更习惯离得近一些。这就是为什么我们通常会看到两个女生手牵手地走路，却不会看到两个男生有这样的相处方式。

当然，除了种族和性别会影响个人空间之外，人与人之间的关系亲密度也会发挥作用。一般来说，双方关系越亲密，就会站得越近，双方对个人空间的要求也会降低，而相对陌生的两个人在一起，就会站得远一些。如果一个人想和你交朋友，在谈话时他会离你近一些，如果你讨厌他，你可能会下意识地向后挪一挪。

俗话说，距离产生美。所以，我们在和别人交往时，要根据不同的场合，在空间上和别人保持合适的距离，给对方留有一定的个人空间。否则，就是一种“冒犯”，会让对方厌烦，这也是我们所说的“超限”。

事实上，任何事物过度了都是不好的，所以，我们在与人相处时一定要注意，不要因为“超限”而让人心生厌烦，这会让我们在人际交往中处于下风，影响自己人际关系的建立。

和睦相处的邻里关系

俗话说，“远亲不如近邻”，这话说得不无道理，每个人都有家，有家就会有邻居，好的邻里关系等于给自己添了左膀右臂，在遇到困难的时候，可以得到邻里的帮助。反之，邻里的干扰，也会给我们造成很多麻烦。

现在的邻里关系与以前相比，也早已是大相径庭。过去，一个单位的人都住在一幢楼或者一个院子里，家长之间是同事，孩子们是同学、伙伴，彼此见面会打招呼，平时有空也会多串门，逢年过节也是礼尚往来。可如今呢，居民楼里各家过各家的生活，更多的是陌生、是漠然、是戒备，甚至有人称中国城市的陌生居住时代已经到来。

或许有些人还是会怀念以前的“幸福时光”，其实只要我们愿意，和睦友好的邻里关系还是可以有的。接下来，柠檬就来给大家说一说，怎么才能搞好邻里关系。

第一，频打招呼勤问候。现在的生活节奏太快，有时候仅一年的时间，邻居就会换好几任，面对新邻居，我们要主动和他们打招呼。一回生，二回熟，见面打几次招呼自然也就熟悉了。加之新邻居刚来，对小区的情况也不了解，如果这时我们能经常和他聊聊天，给他一点小小的帮助，他都会记在心上，陌生感也会很快消除，日后就会彼此关照了。

第二，有什么好吃的送一份给邻居。分享美食，可以提升邻里友情。柠檬曾经看到过一位年轻人，他租住在一位老太太的家里，每当他家里有什么好吃的都会给老人家留一份。这样你来我往，老太太就和他建立起了深厚的友谊，平时也会经常帮他照看孩子，帮了他们不少忙。

第三，除了分享，当邻里有难处时，及时热心出手相助。比如邻居家老人的孩子在外地工作，自己没法换灯泡，如果这时我们能帮一下他，该是多么温暖人心啊！又比如邻居家里的人半夜生病，需要去医院，又打不到车，如果你能送他去，他们一定会感激不尽。毕竟这些特殊情况不是每天都会发生，只要有一次，对方就会记住，两家之间的关系自然也就被拉近了。

第四，邻里之间要多包容，多谅解。如果别人妨碍到你了，也要心平气和地与对方沟通。比如楼上空调漏水，顺着你的外墙渗水了，我们应该礼貌地告诉对方实际情况，或者直接让他来看一眼，请他们及时维修。但是切记，不要大吵大闹。每个人都有自己的立场，换个角度想，如果你家里的空调漏水，本来心里就不开心，如果再遇上一个不讲理的邻居，大概也会“暴走”吧?

最后一点，不要在背后议论邻居。一般，隔壁搬来了新邻居之后，大家都会聊一聊新邻居的情况，这可以理解，每个人都有好奇心。但是，最好不要去议论别人生活中的是是非非，因为每个人都有自己为人处世的原则和习惯。如果某天邻居知道你在背后说他是非，那么你们之间的邻里关系就搞不好了。

此外，我们也要注意界限，“不干涉内政”就是邻里交往的界限。每个人都有独立的人格品质，也都有自己的喜好和隐私，只要不危害社会、不危害他人，就没有究底的必要，诸如生理缺陷、私生活、家庭状态等，那是个人隐私，邻里之间不能妄加评论。邻居夫妻吵架，无论理在哪方，作为他们的邻居，只能劝说讲些道理，而不能站在一方立场上跟另一方去吵。

总之，处理邻里关系要互相体谅，包容邻居缺点，多一点爱心，少一点私心，多做有益于团结的事情，热心帮助别人，这样才能和邻居友好相处。

与我相像的人怎么那么多

前几日，柠檬看到一位朋友在后台的留言，他说自己无论穿什么出门都会跟别人撞衫，今天撞衣服，明天撞裤子，后天撞鞋子，自从开始注意穿着后就总会发生这样的事情，这究竟是为什么呢？

这样的情况，柠檬只想说并不少见。在心理学上，这被称作“孕妇效应”，也被称为“视网膜效应”。是指一个偶然因素随着自己的关注度的增多，让自己有了“这是个普遍现象”的错觉。就像一位孕妇走在大街上，会更容易注意到孕妇的存在，这也是效应名字的由来。开着奔驰的人会更容易注意到奔驰，拎着 LV 的人会觉得满大街都是 LV，等等。事实上这就是人心的投射，也可以用“相由心生，境由心造”来形容它。

既然我们说这是人心的投射，那么人心的倾向就十分重要了。当一个人只关注自己的缺点，而不知发掘自身优点时，“孕妇效应”就会促使这个人发现，他身边也有许多人拥有类似的缺点。

而当他只注意到别人的缺点，忽视别人的优点时，他的人际关系就会一直停滞，无法改善。就像生活中我们经常会遇见骂人很凶的人，其实真相是他们自己的脾气也不太好，而这，就是“孕妇效应”的影响力。

那么，这些效应会给我们带来什么启示呢？在柠檬看来，有以下两点：

第一，在人际交往过程中，我们要学会欣赏与肯定自己，善于发现自己的优点与长处。卡耐基先生说过，每个人的特质中大约有 80% 是长处或优点，只有 20% 是缺点或不足，那我们为什么要一直纠结于那 20% 的缺点呢？也只有当我们发现了自己身上的优点，才会更多地注意到别人身上的“闪光点”，这将对和谐的人际关系起到不容忽视的作用，因为没有人会愿意与一个只会指出自己缺点、忽视自己优点的人相处。

同样，在婚姻关系中，融洽的感情更是需要双方的认同与接纳，发掘自己的优点的同时，也要时常肯定和赞扬另一半的闪光点，这是感情得以保鲜的秘诀之一。

第二，审视自己的内心，多关注积极向上的一面。都说“相由心生，境由心造”。不妨闭上眼，仔细想一想自己最近的关注点在哪里，然后将它写在纸上，分析利弊。比如一个失业的人，总注意到他人工作的繁忙，自己无所事事，这样想的好处是形成对比，激励自己重新寻找工作，不好之处在于这会消磨人的信心。

在消极的人眼中，别人大多存在问题；在乐观的人眼中，别人心里都有一个小太阳发光发热。“金无足赤，人无完人”，“尺有所短，寸有所长”，人与人之间的相处，只有更多地关注和发现别人的优点与长处，才能营建一个和谐发展的人际交往圈。

世界那么大，我该信任谁

柠檬最近读到关于信任的一种解释，“信任就是，损我利他”。以自己可能被伤害为代价，换取别人更好的可能。这种对于信任的理解，我们暂且不论对错，但是不可否认，我们确实一直在这个充满不确定和未知的世界里寻找一个值得信任的人，为自己找点寄托。

信任，往往就在一念之间。我见过两个情同姐妹的女孩，几乎共享了彼此的生活和少女心事。但一次偶然，其中一个女孩发现另一个女孩一直在盗用她的支付宝，虽然每次数额不多，但汇总起来竟也花掉了六七千元。这份信任在金钱面前竟如此脆弱不堪。

那么，在复杂的人心面前，我们应该如何对待“信任”这件事呢？

我们可以把它分为两个方面：一个方面是我们如何信任别人，另一个方面是如何让别人信任我们。对于前者，会有很多影响因素，比如我们的成长经历、与身边亲朋的相处方式等，我就见过一些人因为学生时代曾遭遇过霸凌，进入社会后会习惯性地选择抗拒别人的靠近；也见过与父母关系不和的孩子，长大后因为太渴望被爱，时常陷入“付出—被骗—再付出”的痛苦模式；对于后者，如何让别人信任，这很大程度上取决于我们和对方的关系以及他对我们人格的评价。

虽然我们的经历和体验是不能改变的，但我们对自我和别人的认识却是可以改变的。当我们逐渐建立起对他人的信任时，我们通过对自己深入地了解，做一些改变来提高自己信任他人以及让他人信任自己的能力。

首先，我们应该学会“自我暴露”。“自我暴露”就是向别人说心里话，坦率地表达自己、陈述自己。即，一个人自发地、有意识地向另一个人“暴露”自己真实性的重要信息。自我暴露，是两个人从认识走向信任的关键。它是一个循序渐进的过程，不是越快越好，要根据彼此了解的深度和舒适度逐步加深，过早、过多地自我暴露也会适得其反，让人产生警惕甚至感到反感。同时，自我暴露有个前提，对方是真实可信的人。

其次，我们需要有一些付出。建立信任是一个漫长的过程，通过日常生活的互惠互利，比如在其中一方遇到困境时，不遗余力地支持和鼓励，可以在对方感受和情感层面积累起好感。也就是说，当一个人在体验层面感受到了另一个人足够的善意时，就有可能形成对另外一个人稳定的信任。这个过程是相互的、循序渐进的，不要一开始就对对方掏心掏肺，那样做是十分危险的，要慢慢观察对方是否值得你付出。如果确定不值得，自己还要傻傻地持续下去，其结果可想而知了。

此外，需要注意的是，即使两个人建立起了相互信任的关系，如果之后双方的相处中得到与付出长期失衡，即一方总在付出，另一方总在获取，那么，双方相互之间的信任还是会渐渐消失。日常生活中，朋友之间的信任如此，夫妻之间的信任同样如此。

信任是一种能带给我们安全感和喜悦感的美好体验。好的东西门槛都很高，都需要付出很大的努力和牺牲，但是一旦体验过就会发现，一切都是值得的。

交心，才能赢得友谊

在我们的身边有这样的两类人：

一类人，尽管他们社交能力很强，可以与你上至国际时事、下至家长里短地高谈阔论，但是关键时候从来不会表明自己的态度。一旦你将话题引到一个略带私密性的问题时，他就会插科打诨，一语带过。可见，一个健谈的人，当涉及自身敏感话题的时候，仍有相当强的抵触心理。

另外一类人，他们可能不善言辞，却总能以各种方式向对方表达真实的自己，反而很快拉近与他人距离，建立信任关系。

人之相识，贵在相知；人之相知，贵在知心。

心理学家告诉我们：要想和别人成为知心朋友，就必须表露自己的真实情感和真实想法，向别人讲心里话，坦率地表白自己、推销自己，这就是“自我暴露”。如果想和别人建立比较密切的关系，一定程度的自我暴露是不可缺少的，这就是“自我暴露效应”。

以上我们提到的两类人中，一类人擅长社交，却很少有知心朋友；而另一类人不善沟通，却有很多知心朋友。这两类人在社会交往中的不同遭遇，其实是和他们“自我暴露”的程度有关的，这是因为：

首先，在人际交往中，当自己处于明处，对方处于暗处，自己就会感到不舒服。也就是说，当自己真实地向对方表露情感时，对方对你却讳莫如深，不和你交心，你是难以对他产生亲切感和信赖感的。相反，当对方向你真诚地表白他内心深处的感受时，会使你因感到对方的信任而渴望与他深入沟通，这就拉近了你们的心理距离。

其次，每个人内心深处都有对情感的需要，就像我们对食物的需求，是与生俱来的。情感纽带下结成的关系，往往比暂时的利益关系更加牢固。那些和任何人都不敢做自我暴露的人，当然无法得到这种深厚的感情关系。

在社会生活中，人置身在各种各样的圈子里，如果把自己包裹得太严实，别人虽然伤害不了你，但也亲近不了你。平时你若不向邻里、朋友卸下防御，伸出友善的双手，在你困难之时，也就很可能没人愿意伸手拉你一把。

一个人要想和他人建立亲近关系甚至亲密关系，按照“自我暴露效应”的法则，一定要冒险开放自我或者自我暴露。想一想，我们最知心的朋友不也是知道我们秘密最多的朋友嘛！

在这里，为什么我说是“冒险”开放呢？这是因为你开放自己后，对方会有如何反应，你是不能预知的。当然，不愿意“冒险”，刻意地与别人保持距离也无可厚非。或许是他过去也曾开放，却被别人伤害了，是典型的“一朝被蛇咬，十年怕井绳”；或许是受家庭成员的影响，已经内化为他的习惯，很多时候是不自然为之。

心理学家说过，在社会交往中，出于心理健康的考虑，一个人至少会让一个重要的人知道和了解真实的自我。这样的人在心理上是健康的，也是实现自我价值所需的。当然，“自我暴露”也不是越多越好，总是向别人喋喋不休地谈论自己，可能会让人觉得你是一位自我中心者。理想的自我暴露是仅对少数亲密朋友的。对于普通朋友和同程度的其他人要适度“暴露”。

在自我暴露的过程中，适当地展示自己的缺点，也会收获意想不到的效果。因为与完美的人交往，难免会因为自己不如对方而自卑，因此太完美的人也不容易招人喜欢，这也是人际交往中的“小缺点效应”。

所以如果你确实比别人强，也不要过分夸耀，可以故意表现出一些小缺点；但是如果看到别人比你强，也要大度宽容，见贤思齐，不要因此嫉妒。

换位思考，真的可以化解所有冲突吗

朋友早过了谈婚论嫁的年龄，你是否会对她说：“假如我是你，早就跟他结婚了。”

身处一家上市公司的朋友辞职了，你会对他说：“换作我，打死都会坚持下去。”

孩子学习不认真，你会对他说：“我要是你现在的条件，早就好好学习了。”

人类作为一种社会性的动物，每天都会花不少时间来关心其他人的内心世界，并通过观察他人日常的行为异常，猜测他们当下真实的想法。

不过这个过程大多时候是无意识的，除了一些特殊的工作岗位需要我们刻意地应用某种理论去分析他人的行为与意识之外，对于绝大多数的普通人来说，对他人行为的分析和判断都是依靠近乎生物性的本能或者日常的经验来实现的。

比如开会时，一旦你跟老板的目光有了对视，你就知道下一个发言的就该是你了；想知道对方是否生气了，一看他的表情我们就知道了；等等。这种判断我们已经习以为常，并且随着我们的成长变得越来越熟练，甚至演变成一个自动化的过程，根本不需要加以思考。

但很多时候，这种本能会受到很多因素的影响，常常让我们判断错误。那么，与人交往的过程中，还有其他判断他人内心想法的方法吗？

这里就要提到一个我们很熟知的词了——换位思考。其实，我们常说的“换位思考”，在心理学上叫作“观点采择”。观点采择，也经常被人们形象地称为“从他人的眼中看世界”，或者“站在他人的角度看问题”。

站到对方的立场，就是要把各种客观条件、利益关系、认知的背景都放在自己身上，把自己变成另外一个人，这个人和原先的自己无关。只有把自己彻底变成一个全新的个体，你才能客观地分析，体验对方内心真实的想法。

这如同把自己当成一台智能计算机，将影响当事人的各种外界客观条件当成各种参数，当几种参数同时作用的时候，你就会得出一个结果。如果这个结果和当事人的结果是一样的，那就说明你极大程度地理解了对方。这将表示，你认为把你放在相同环境中，你也会做出同样的行为，此时你便不会再以任何理由指责别人。

但事实上，很难有人能真正做到，因为我们还是会下意识地代入我们固有的立场和情绪。比如父母经常对孩子说“我要是你，我就会好好学习，就会好好听话”，或者在别人跟你倾诉痛苦的时候，你心里会很不以为然，说“你这还不够好吗？就知足吧，我要是你早就开心死了，真是身在福中不知福”……这些都不是真正的换位思考，是强迫式的“换位错误”，其目的是强制对方接受你的想法。

我有一个女性朋友坚持不婚，很多人劝她早点结婚，她非常反感。不管你站在哪个角度来谈都没有用，因为你不是她，你没有经历她的那些情感，你永远不理解她为什么要坚持。所以，要让你的大脑和心智保持开放，能容纳不同的价值观和思维方式，你就不能是一根弦，你得尝试用别人的思维结构来思考，甚至用你不接受的思维来思考。

尤其在与人争执的时候，你已经把对方放在了对立面，他做的任何事、说的任何话，你可能都会打上“他是错的”这个标签，所以想要理解他，可能就得用你从来没有思考过的角度入手，这是非常难的，但其实也在丰富你的思维结构。

希望我们每个人都能成为善于发现他人内心想法的人，从而能更好地与人相处。

如何控制你的窥视欲

“头条，头条！大明星出轨小鲜肉啦，怎么对得起她的老公呀？”某明星一出轨，一些敏感词汇纷纷上了热搜，那些喜欢窥视他人隐私的好事之徒就控制不住自己的“洪荒之力”了。

这是个娱乐的时代，给个人情绪充分表达提供了条件。我们每个人都可以参与到社会事件中，也因此或多或少对某些热点事件的事态发展起到推波助澜的作用。于是，被传统道德伦理压抑已久的窥视欲，在这个时代喷薄爆发。

试问，明星出轨或者离婚，和我们的生活有什么关系呢？作为演员、歌手的他们，真的不用扮演一个社会道德楷模的角色。演好戏，唱好歌，是他们的本职，除此之外，他们便与常人无异，是和我们一样的普通人。

究其原因，那些对明星八卦、他人花边新闻津津乐道之人，主要是缺乏自己生活的信仰。一个有追求、有理想，努力建设自己美好生活的人，是不会执着于在网络中传播负面消息的。过强的窥视欲，会让人变得无聊而繁忙。并且很多娱乐媒体的报道，主观色彩浓厚，言论过于片面，在这种舆论的引导下，人容易丧失自己对事件理性的思考和判断，发表一些不符合自己认识的言论，甚至做出一些过激的行为，从而影响自己实际的生活状态。

因此，管好自己的窥视欲非常重要。

首先，建立良好的作息和生活习惯。一个身心健康的人是不会过多关注别人生活的。他会把所有的注意力都集中在如何提高自身生活品质上，哪有过多的时间去理那些花边新闻？

其次，转移自己的注意力。窥视他人生活可能成瘾，但是只要转移自己的注意力，开始做一些自己喜欢的事情，比如画画、唱歌等，柠檬相信，你会发现自己完全可以过一种只属于自己的精彩生活。

最后，学着用理性去分析事件。我们都是凡夫俗子，是人便会犯错，也便会有欲望。只有正视这些问题，你才会发现，那些“标题党”所谓的“难以置信”与“惊天八卦”都有其背后的原因。当怀着这样一种平和自然的心态去看待事物，那些“八卦”便再也无法让你沉迷其中了。

朋友，控制你过度的窥视欲吧。除了从指缝流失的青春和别人厌弃的嘴脸，你什么也得不到。只有控制好你的窥视欲，你才能用有限的青春为自己的人生负责，让自己的人生流光溢彩。

第三章

嘴甜心暖的你，值得被温柔以待

一个能够快速融入群体的人，一定是受欢迎的人。而嘴甜心暖的你，总会被世界温柔以待。

温和也有无与伦比的力量

不知道你们有没有听过这样一则寓言故事：

北风和南风比赛，看谁能把行人身上的大衣脱掉。北风先发威，一上来就拼命刮，寒风刺骨，结果反而让行人裹紧了身上的大衣。而南风则徐徐地吹，行人觉得风和日丽，十分舒服，于是主动脱掉大衣。南风获得了这场比赛的胜利。

为什么南风可以赢得胜利？因为它顺应了人们的内在需求，让人们的行为发生自觉的变化，而不是像北风那样用粗暴的、令人讨厌的方式“逼迫”人们改变。这就是今天柠檬想和你讨论的话题——南风效应。

南风效应其实就是一种以启发自我反省、满足自我需要而产生的心理反应，有时也被称作“温暖法则”。

南风效应告诉我们，感人心者莫乎情。泰戈尔曾经有句诗是这样写的：

神的巨大威权是在柔和的微风里，而不在狂风暴雨之中。

“润物细无声”式的语言有时候会比强硬的压制更为有效。那么，在人际交往中，我们又该怎样运用这一效应呢？

那就是当我们想改变别人的时候，尽可能采用柔和而不是强硬的方式，这更容易使我们达到目的，也更容易得人心。

前美国总统约翰·卡尔文·柯立芝曾有一位漂亮的女秘书，但是这位女秘书却常常出现工作粗心的错误。一天早晨，柯立芝看见秘书走进办公室，便对她说：“今天你穿的衣服真好看，特别适合你这样年轻有活力的姑娘。”秘书听到这个顿时受宠若惊，但柯立芝接着说：“但也不要骄傲，我更希望你的公文处理能力能和你一样美丽。”

正是因为柯立芝柔和而带点幽默的点醒，女秘书明白了自己的不足，此后的工作很少出错。因此，给别人提出建议的时候，不妨想一想是否可以用一种更幽默、更温和的方式，既能达到目的，又能保全对方的面子，一举两得，何乐而不为呢？

相信工作中大家都遇到过这样的“糟心事”，跟小组同事一起完成某个项目，结果因为对方“掉链子”拖了你的后腿，这时候如果生气发火，急着兴师问罪，不仅无法挽回局势，还会把同事的关系搞僵，继而影响后续的合作。

所以，越是在这种情况下，越要用和缓的方式去处理。首先安慰那个一时失误的同事，同时鼓励其他小组成员，一起想办法寻找失误的根本原因，才能最终解决问题。相信在这种情况下，同事因为心中的“愧疚”，也会更加主动努力配合小组工作，弥补过失。

“心急吃不了热豆腐”，关键时候冷静温和的处理方式才是解决之道。“柔能克刚”，温和也有着无与伦比的力量。柠檬希望在今后的工作生活中，各位能够学会以温和的方式处理事情，解决问题。

嘴甜心暖的你，值得被温柔以待

有两个姑娘，毕业于同一所大学，来到了同一家公司工作。尽管两人业务能力相差无几，但实习结束，大家选择两个姑娘去留的时候，竟然意外地都选择了让那个看上去精干也显得努力的姑娘离开。

大家告诉老板："虽然留下来的姑娘偶尔会有些粗心，但却是可以改进的。她每天都会早早来到办公室，帮同事端茶倒水、定外卖，样样工作抢着做，而且毫无怨言，跟她在一起的每一天我们都会很开心。所以，她不会的，我们都愿意教她。

"而另外那个姑娘，平时为人处世冷漠自私，尽管工作细心，没有什么明显的失误，但对于我们而言，我们更愿意留下一个讨喜的小姑娘一起共事。"

相信在你的身边一定也有过这样的朋友：他们话很少，但是总会让你觉得很舒服、很温暖。他们总是能够在你需要的时候给出积极、中肯的建议；他们从不会说话带刺，也不会当面反驳；他们不仅会想着自己，也时刻想着别人。他们就是这样自带光芒，仿佛上帝的宠儿，人见人爱，花见花开。究其根源，他们不过就是做到了这一点——嘴甜心暖。

无论生活中还是工作中，能在一起共事就是一个整体，没有人可以脱离群体而独立存在。一个能够快速融入群体的人，一定是受欢迎的人。而嘴甜心暖的你，总会被周围的世界温柔以待。

那么，可能就有人要问柠檬了，什么是嘴甜心暖？怎样才能成为这样的人？其实并不难，不需要改变你现有的性格，只要肯尝试，我们每个人都可以做到让人温暖舒服。

首先，柠檬建议你放弃“刀子嘴，豆腐心”的论调。如果你心存善意，就请别在说话时“句句带刺”。要知道语言是一把杀人不眨眼的刀，当你话里那些“刺”深深地刺痛对方时，一个受了伤害的人又有什么心情继续探究你是否会对他有真心呢？

举个例子，你的好朋友失恋了，如果你这样对她说：“有什么呀，这种男人也值得你这么伤心？旧的不去新的不来嘛。”这样简单粗暴地劝解，不仅不能带给你的朋友温暖，还会让她因此受到更大的打击。不如换个说法，如果你试着说：“别太难过了，我会一直陪着你，让我们一起努力忘记悲伤吧。”相信面对这样温暖又贴心的鼓励，即使不能马上止住朋友内心的悲伤，但也将如一缕春风，抚慰朋友受伤的心。

其次，学着站在他人的角度思考问题，明白“共情”的重要性。也就是说当我们遇到事时，不应该单单考虑自己，而要学着从别人的角度看待问题、思考问题，以己度人。在这一过程中，我们还需要注意这几点：

第一点，切忌站在自己的立场思考别人的问题。自己过去已有的经验，可以作为解决问题的参考，但是不可以复制。

第二点，当你的观点与当事人观点相左时，记住一定要尊重当事人的选择！

第三点，当他人心生迷茫，需要你为他指点迷津时，请你不要妄自揣测，应耐心倾听问题所在，并及时回应。在沟通过程中，当对方有些地方叙述比较含糊，应及时复述自己的理解，并通过“我这样理解对吗？”的询问不断跟当事人确认理解的对错。

最后，慢慢改变自己，让自己成为一个热情洋溢、礼貌又温和的人。遇到自己熟悉的人，主动温暖地打个招呼，这是很容易就能够做到的。即使是面对只有一面之缘的人，也应报以善意的微笑。这样温暖的你，一定是优秀而富有魅力的。

在柠檬看来，“嘴甜心暖”并不难，只要能够以善意和温暖对待他人，世界必定回报你同样的善意和温暖。嘴甜心暖的你，当然值得被温柔以待。

避免以偏概全，我们应该怎么做

当我们去某地旅行，如果刚好赶上雾霾风沙，对这个地方的第一印象就会很差，并且会在心里下个定语：“这个地方一定平时就环境不好，不然怎么就让我碰上雾霾？”于是可能再也不会去这个地方了。

到一家新的餐馆用餐，刚好碰上一个服务态度恶劣的服务员，于是你对整个餐厅的第一印象就会变差，进而觉得这个餐厅的管理体系不好，在其他方面也一定有很多问题，以后也不愿意再去用餐。

这就是人们常说的“第一印象”，尤其对于比较感性的女孩，使用这个词频率相当高。这种“第一印象”就像月亮周围有时候会出现的那圈“晕轮”一样，会逐步地向周围扩散弥漫，所以心理学家还给它起了一个更加浪漫动听的名字——晕轮效应。

晕轮效应，是指当一个人对某人或某物所表现出来的某种特征形成一个或好或坏的印象后，还倾向于根据这个印象进而推论该人、该物其他方面的特征。

“晕轮效应”，名字虽美，但我们很快会发现，这种效应带给我们的认识通常是非常片面的。就比如，一个“外貌协会”的女孩相亲时，见到一个长得不那么好看的人，她就会给这个人的整体挂上负面的标签，不愿意再去了解这个人的其他方面，甚至把他的优点也说成缺点。

他谦逊，她就会觉得那是他自卑；他谨慎，她就会觉得他多疑。总之，她会将一个“坏印象”坚持留在自己的大脑中，决不轻易“擦了重画”。

再比如，当老师发现一个学生走进了网吧，就会判定他品行不好，从此看他哪哪都不顺眼。

“晕轮效应”的影响如此深远，那么它究竟是怎样产生的呢？

第一种，是我们对他人的投射倾向。“投射倾向”就是我们把自己的某些心理特点附加给别人的倾向。当一个人有了和我们相似的行为和特质，尽管这个行为和特质并没有什么不好，但由于我们对此不满意，我们也会对别人产生不满。

想要从这方面避免对别人产生偏见，首先就要做到正确客观地看待自己，一定要时刻提醒自己，“人无完人”。这样一来，当别人具有了和我们有类似的行为时，我们才不会那么敏感。所以，当我们一旦对别人产生了负面情绪，不妨先想一想自己是不是也有这方面的问题。“己所不欲，勿施于人”，既然我们自己都无法改变自己的这个行为和特质，那就不要再对别人这么苛刻了，不如以此为镜，调整自己，改变自己。

第二种，是刻板印象效应。是指对社会上普遍存在的、大家公认的一种概括性的认知，自己深表认同。比如，商人都唯利是图，老师就该文质彬彬，男儿都坚强刚毅，有泪不轻弹；等等。而事实上，我们知道商人未必都是唯利是图的，老师也有粗犷的，男儿也会“泪轻弹”……所以，这些印象很多时候是不正确的，误导我们走向歧路。因此，在与人交往的过程中，我们应该时刻提醒自己，一定要根据对方在整个过程中的实际表现来判断他是怎样的一个人。不要以为“刻板印象”只是少数人才会犯的错误，它在社会上还是比较普遍的，任何人都不例外。

因此，为了避免“晕轮效应”，更好地建立人际关系，我们在第一印象产生后就要阻止它扩散，别让它影响到自己的其他方面。这就要求我们在认识一个人、一件事时要客观，不要仅凭借第一印象就武断地做出判断，先试着深入地去了解这个人或这件事，认真细致地观察、了解之后再做评价。

如果实在无法克服自己的主观印象，也可以向他人求助，多方了解，多听建议，相信你能有新的感受和认识。

印象，到底是怎么形成的

美国著名心理学家卡耐基曾说过：一个人事业上的成功，15% 取决于他的专业技术，85% 则依赖于人际关系处理技术。

对于每个人来讲，搞好人际关系都是至关重要的大事，人际关系融洽是工作生活中非常关键的一部分，而人际关系的起点在于彼此印象的好坏。比如当我们与人交往时，会不由自主地形成“他人很好”“我想和他成为朋友”“他不讨人喜欢”之类的评价，这种评价其实就是自己对他人产生的印象。

当我们进入一个新的社会情境时，会根据自己的观察和过往的经验，不自主地将当前的人或事进行归类，并根据分类的性质采取不同的行动。

例如，当我们进入一个新的工作环境，我们会首先依据自己的感觉对周围同事进行一个大概分类——哪些人是我想亲近的，哪些人是我避之唯恐不及的。根据这个分类，我们会更多接触“我想亲近的人”，并慢慢形成新工作环境中的人际圈。

在这其中，第一印象起到了关键的作用。我们第一眼觉得这个同事是个不错的人，就会对他抱有更多的友善和包容。比如你第一天上班，有个同事主动过来跟你打招呼，你觉得他很友善，于是很信任他，后面自然也就更愿意亲近他，即便发现了他的一些“小毛病”，也往往会视而不见，尽量包容，这就是“首因效应”的影响。

虽然第一印象奠定了印象形成的基础，但它也不是一成不变的，我们不会永远停留在最初遇见时的那个印象里。一见钟情的情侣有可能经过一段时间的交往后分手，而第一眼看不顺眼的“死敌”最后也有可能变成知己，这样的事并不少见。

那么，为什么人们在交往过程中会发生这样的转变呢？这是因为在印象形成中，不同品质所起的作用不一样。刚开始觉得友善的同事，在后来的相处中你可能发现他不仅做事懒懒散散还会推卸责任，久而久之，最初的好感便会随着这种认识不断下降。

反而之前让你觉得冷漠的同事，等熟悉了之后发现人家其实不错，也愿意帮助自己，慢慢地相互之间的感情越来越好。这一切的转变都是因为你对一个人的印象还与其他品质有关，他是真诚的还是圆滑的，他是面冷心热的还是面热心冷的，这些品质不是一上来就可以判断出来的，但随着不断地交往会慢慢被发现，初时形成的印象就因此开始发生变化了。

这就是印象形成的过程。是不是觉得我们的大脑真神奇，一个印象形成竟然就有这么多模式在交织运作。但柠檬还是要提醒一下大家，也不要太过相信我们的大脑，它也会被迷惑的，“晕轮效应”就是印象形成偏差的影响因素之一。

当一个人某一种品质非常突出，例如靓丽的外貌、热情的态度，这会让我们因太过关注这一方面的特质，而不再或很少去关注对方的其他特征，比如外表光鲜亮丽的偶像有泡吧、酗酒的恶习，热情开朗的有为青年的躯体里隐藏着一个自私的灵魂，等等，这些都有可能因“晕轮效应”而被忽略。

因此，当我们认识、评价一个人时，不要被他某一方面较突出的品质所蒙蔽，要全面了解，客观分析。

印象形成绝不仅仅只受这两个效应的影响，还包括长期的表现、近期的态度以及他是否处于一个被“定向”的群体，这些都决定着人们对他的整体看法。它们被称作“近因效应”和“刻板印象”。

近因效应，是指最新接触的事件对于一个人印象形成的影响，比如你原本认为他是一个很冷漠的人，但是今天早上他跟你热情地打了个招呼，你就会转而认为他其实是热情的。

刻板印象也是印象形成中非常重要的影响因素，社会刻板印象是指人们对某一群体成员的固定看法，如犹太人聪明、英国人绅士、德国人严谨等，这种印象固然能够加快我们认识对方的过程，但是也容易让群体的特征掩盖了个人的性格。

所以，当我们认识一个人时，要尽力摒弃这些固有的印象，从零开始去认识这个人！

处理人际关系是一门艺术，更是一种技术，柠檬愿与您一起不断地学习和实践，冲破自我的藩篱，成为更受欢迎的人！

微信头像会影响第一印象吗

前几天柠檬的表妹和我说了一件挺好玩的事情，平时她的微信头像就是她本人的照片。表妹是一位眉清目秀、笑容甜美的女孩子，也因此经常有来自“附近的人”跟她“打招呼”。

后来，她和她的闺蜜图好玩，一起从一组有点搞怪的小猪头像里选出来一张作为微信头像。结果，当她在新生群里咨询问题时，别人都说她是“小猪学妹”。

之后她去南京玩，头像又换成了比较有文艺范的旅行照，这下她在新生群里的角色就又不同了，之前叫她“小猪学妹”的学长还特意私聊她并给她道歉，好友申请更是不断。

于是，她便问我：“姐姐，这是为什么啊？微信头像难道就这么重要，还会影响别人对我的印象吗？”

这其实与人的第一印象有关。所谓第一印象，正如前文所说，是人们在交往初期，最开始接触对方的时候，形成的一些基本的认识。如果你和一个人是在线下认识的，微信只是你们聊天的媒介，那么微信头像对你们的影响就不会那么大。

但如果，你和这个人最先接触的方式就是微信，那么微信头像肯定会影响他对你的第一印象。

微信头像之所以能够影响“第一印象”，主要与人们的认知机制有关。根据丹尼尔·卡内曼的研究，我们大脑处理信息的方式有两种：

第一种，是快速、凭直觉、不假思索地处理信息的方式。这是一种不费力的认知方式。比如，当我们回答“1+1=2”这个算式、在一条熟悉的路上开车、看到别人在笑就觉得他很开心等，使用的就是这种认知方式。这种方式处理信息的速度虽然很快，但却很容易出错。

第二种，是理性、慎重、有意识地处理信息的方式。这是一种需要付出努力的认知方式。比如当我们要解出一道复杂的数学题、在陌生的小镇上开车，或者上司对你说了一段意味深长的话等，这些时候都需要你集中精神才能解决问题，而不能仅仅靠直觉。

在现实生活中，人们往往都是认知的“吝啬鬼”。这就意味着，在绝大多数情况下，人们会选择使用第一种认知方式，只有在比较强的动机促使下，才会调动第二种认知方式。

所以，在网络环境中，面对一个刚刚加了微信还不是很熟悉的人，他很难从多个方面了解你，因此头像、朋友圈等信息就成了他评判你的主要标准，尤其是头像，因为在对方正要添加以及刚刚添加你的这段时间内，可能看到的仅仅是你的头像，尤其对于那些屏蔽了朋友圈或只开放三天朋友圈的人来说，更是如此。或者可以这样说，微信头像是对方了解你、对你形成印象的主要信息来源之一。

在这个微信已经成为人们主要交流工具的时代，每当我们使用微信与对方沟通时，我们的微信头像也就会被强制地曝光在对方的眼前。而在心理学中还有一个“多看效应”，意思是说只要有一个东西在对方面前反复出现，那么对方就会根据这个东西具备的特性，对我们做出判断。

虽然微信头像不过是一个符号，但是细心挑选一个自己喜欢的头像也显示出自己对审美的一种态度。最重要的是你自己得喜欢，毕竟你身上的那些闪光点不需要通过网络的镜头来放大。

我们是如何把天聊死的

很多人会问我一些聊天的技巧，毕竟两个人初次见面，聊天是认识对方最好的方式。聊天的时候，我们经常会有这样的感觉：用不同的说话方式来回应别人，别人会有完全不同的感受。

有的人会让讲话者感觉很舒服，从而激发继续聊下去的热情；而有的人会让讲话者感觉很别扭，从而失去了继续聊下去的兴致。

这就是传说中的“把天给聊死了”，为什么会这样呢？

首先，倾听者无回应。所谓无回应，既包括我们常见的语言上的不回应，比如沉默，用“嗯”“哦”等终结式的回答进行回应，或者试图转换话题。同样，当我们对对方的话题不感兴趣，如果用“嗯”“哦”这类简单的词汇回应对方，那也会让对方失去聊天的热情。当然也有个别人总是沉浸在自己的世界中，不顾及别人的感受，即使在得不到积极回应的情况下，仍然会自顾自地说下去。

记得柠檬在大学时候参加了一个书法社团，新成员第一次见面无非就是坐着聊聊天。让我印象最深的是一个男生，这个男生说他自己出生于书法世家，从小就练字，特别喜欢书法。因为他就坐在我旁边，所以那天下午我们就听他说了一下午关于书法字体结构、运笔技巧的知识，虽然我们对书法有兴趣，但其中的专业术语让我们几个新手听得云里雾里。尽管有好几次我们试图不着痕迹地把话题引到别处，但这个男生丝毫不顾及我们的反应，还是滔滔不绝地继续他的书法“讲座”。至此之后，我们看到他都会有点害怕，更别提会主动找他聊天了。

就像这个男生，他从不改变聊天的话题走向，只说自己感兴趣的，并且还强行把对方感兴趣的话题转向自己感兴趣的话题上，也容易造成“把天聊死”的局面，俗话说，无回应之处便是绝境。

其次，总是做出评价式回应。面对被评价，会很容易让人感到压迫感和没有安全感，于是我们的感觉就替我们做主，主动切断了继续聊下去的动力。

如果我们留意一下周围的人在聊天中常用的回应方式，就会发现有的人虽然能够倾听，也能够积极地回应，但是他的回应方式以评价为主，比如“你太敏感了”“就这点事，你有点小题大做了”等。起初时我们可能不太在意，但随着聊天不断深入，很快我们的感觉就会捕捉到这些信息，从而失去了继续聊下去的欲望，这就是有时候我们和一个人说着说着突然就不想说了的原因。

那我们应该以什么样的回应方式，让对方有继续聊下去的意愿和兴趣呢?

生活中我们自己都有这样的切身体会，那些让我们在谈话中感觉很舒服的人，往往是一个很好的倾听者。他们最大的特点，就是能营造一种安全、没有压迫感的聊天氛围。

在聊天的过程中，他们遵循了这样的原则：关注事情，了解发生了什么，放下对他人的评判，回应对方的感受。鼓励对方描述发生的事情，并在一些对方感兴趣的细节上做一些深入交流，感受对方的心情，让对方有一种内心被洞察、被理解的认同感。

这样的回应，既有表层信息的交流，又有深层情感上的连接，必然赢得对方的认可和好感，从而激发其继续聊下去的兴趣。

与别人交谈，不会找话题怎么办

初次与很多陌生人聚在一起聊天，过程中我们往往会发现：

有人绞尽脑汁，不断地搜刮脑中的奇闻逸事，大家听完之后都在疑惑这人到底想说什么呀，最后无人搭茬；

有人口若悬河，恐怕埋没了自己渊博的学识，结果往往也只剩尴尬；

还有的人，偏偏只是随意而谈，看似毫无目的反而紧抓大家眼球，几乎所有的人都喜欢跟他聊，也喜欢听他说。

这就是会不会选择话题的区别。

在日常人际交往过程中，话题的选择与一个人身处的场合有很大关系。正式场合与非正式场合的话题选择截然不同，相比非正式场合，正式场合的话题更易选择，因为大家都是带有一定目的来的，话题自然会围绕自己最关心的事情展开，再加上“引荐人”的牵线搭桥，不会缺少共同的聊天话题，气氛也会自然轻松，不太容易陷入“尬聊”的境地。

那么，对于一些非正式场合，比如参加一些沙龙、聚会，难免会与不认识的人打交道，我们该如何进行话题选择，成功

“破冰”呢？

初次见面，彼此之间缺乏认识和了解，不知道对方的喜好，一时之间很难找出双方都感兴趣的共同话题。这里柠檬就教你一些小技巧：

首先，同性之间总是存在着一些具有普遍共通性的话题。比如女性大多喜欢美食、减肥、追剧。那从最近大热的电视剧入手也是展开聊天的不错方式，又或者一起从当红“小鲜肉”入手谈谈美容的方法等，这些都会让你们迅速打开话匣子，摇身一变成为“同一战线”的盟友。

而男性则更多关注运动和事业，聊聊历届的世界杯，如果碰巧都喜爱同一支球队，又喜爱着同一位球星，那话题一旦打开，就再也不能收住了。又或者谈谈关于时事政治、经济形势的看法等。总之，作为男性，你和身边朋友共同关注的话题，往往可能就是大多数男性会关注的内容。

其次，选择话题展开聊天之后，一定要时刻关注对方的反应，看他在这一过程中是乐于倾听并不断给予反馈，还是含含糊糊、敷衍了事。比如说如果你选择“炒股”作为你们交流的话题，你这方说得热火朝天，他那方一点反应都没有，除了“嗯、是啊”这类的简单词汇的回应，连一个眼神交汇的机会都没给你，显然是他对你的话题不感兴趣，你需要换个话题，再次寻找共同的兴趣点了。

此外，日常生活中经历的一些无伤大雅的小失误，也可以作为很好的话题切入点。比如，孩子的童言无忌，自己出门买东西却没有带钱包的糗事，等等，这是每个人都会遇到的生活琐事，充满着生活情趣，往往能博对方的会心一笑，自发地加入你的话题。

人与人之间的语言沟通，很多时候并不是为了解决具体的问题，而是为了彼此之间情感的交流。所以，不必费尽心思地寻找话题，也不必指望初次见面就能一见如故、坦诚相待，你需要寻找的应该是能让你们开始一段愉快交谈的切入点，一座能让你们从没有交集到逐渐熟悉的桥梁，可以帮助你更好地进行人际交往。

说错话真的是“口误”吗

当同事向你炫耀她买的新包时，你本来想附和着夸两句，却不小心出“这包包真丑”，于是立马补救道“刚刚我是口误了，本来想说真好看的”；

当朋友向你抱怨她的男朋友时，你本想安慰她两句，结果脱口而出的是“你怎么这么烦啊”，然后立马改口说“对不起，刚才我是口误了”。

生活中每个人都有说错话的时候，但是这些真的是口误吗？其实不然，在说错的话里往往隐藏着一个人最真实的想法。正是因为我们内心存在着这个最真实的想法，才会在别人询问意见时脱口而出。表面看来，是我们说错话了，实则是把自己想隐藏起来的真话说出来了。有些人还会想到马上补救，挽回已经说出的话，越描越黑。

想一想，在生活当中，你是否也曾碰到过类似的事件？朋友见到姗姗来迟的你，面带微笑地说了一句“看样子我得走了”。虽然他马上纠正他本想说“看样子我到早了”，但你也必须要面对这样一个事实，他等得有点不耐烦了，甚至想一走了之。同样，当你的主管在主持例会时，猛地来了一句“既然大家都到了，我们就开始散会吧”，此时，多半是他自己也不想开这种无聊的会议。这种情况，你千万不要试图用长篇累牍的发言来博得主管的好感，那恐怕要适得其反。

这种现象在心理学上也被叫作“弗洛伊德口误”，这是心理学家弗洛伊德提出的，按照他的观点来看：说错、听错或者写错等“错误行为”，都是将自己内心真正想法表现出来的行为。当你的想法在内心被复述了无数遍的时候，缺乏的只是一个诱导的时机。比如当我们做了错事或者极力隐藏一些事情的时候，通常都会有这样的内心活动：这件事情绝对不能讲出来，我绝对不能说实话。

而这些越不想说出来的实话，反而会在不经意间脱口而出。其实这就好比，越是被禁止去看的东西，越是会激发你去看的好奇。

但是所有说错的话都是真实想法的流露吗？也不尽然。央视国际频道播音员鲁健曾在自己的博客上列举了一些播音员的口误，有播音员在新闻开始的时候，把“各位好，这里是中央电视台”说成“各位好，这里是中央气象台”，有的播音员把“移动联通小灵通的用户请发短信至”说成“移动联通的小用户们请发短信至”……这些口误只是从大脑中提取词语的过程出错造成的。

所以，虽然不一定，但当你无意识脱口而出一些奇怪的话时，你不妨仔细想一下：这是不是我最真实的想法呢？

说者无心，听者有意

之前有一位女士向我咨询，说她的儿子发生了很大变化。儿子刚刚考上大学的时候踌躇满志，为自己定下了新的奋斗目标，准备干一番事业。第一年通过班级竞选，当上了班级的文艺部长。一年下来，工作勤勤恳恳，生活也很充实。

到了第二年，他再次准备上台竞选，没想到新上任的辅导员很随意地说了一句话："在过去的一年里，文艺这方面没出什么成绩。"这句话犹如当头一棒，抹杀了他一年的功劳，抨击了他的自信，也浇灭了他的理想与追求。

这位母亲说，自从那件事之后，儿子就再也不上台竞选了，工作也不主动了，更别谈学习的积极性了。

我们不禁会想，为什么学生会对老师不经意的话产生这么大的触动？其实这都是"瀑布效应"在起作用。那什么是"瀑布效应"呢？

简单来说，就是说话者心里很平静地说出的话，被另一个人听到之后，引起了他心里的极大不平静，并且影响到他日后行为的变化。这就像大自然中的瀑布一样，上面看起来平平静静，下面却溅花腾雾。

生活中也有很多这样的人，他们心直口快，说话直肠子，得罪了人自己还浑然不知。或许他们从来没想过，自己随便说出来的一句话会对他人产生这样大影响。

同样的意思不同的表达方式，引发的效果也会大不一样。比如说，当有人问你：“我今天穿的衣服好看吗？”这显然是很满意自己的打扮，明显是想要得到你的赞赏。但是你却劈头盖脸地来了句：“你太胖，这颜色太艳了，这种衣服不合适你。”想想看，人家心里会是什么滋味？如果换作你，想必心里也不会好受吧！一个人快人快语，也许心意是好的，但若因此给人带来烦恼，甚至心灵上的伤害，我想也是非常不妥的。因此，克制住说话的冲动，想清楚再开口还是非常必要的。

通常来说，心理敏感的人大多爱把别人的话听“变”了味道，他们习惯按照自己的思维模式来思考别人，就好比河里的鱼永远不知道岸上还有老虎一样。茶余饭后，闲暇时刻，好朋友们免不了聚在一起闲谈，那闲谈什么，怎么闲谈，也是有讲究的。所谓言多必失，如果说了一些容易引起争议的话，而造成人际关系的破裂，实在是得不偿失。

所以说，为了避免“说者无心，听者有意”，最好的方法就是提前了解聊天对象的思维、性格、习惯，清楚他会对什么话题比较敏感、介意或者忌讳。不过，这些准备都是需要时间的。很多时候，和我们聊天的不全是熟人，有已经认识了一段时间的，有刚刚认识不久的，还有初次见面的陌生人，这时我们就要少谈个人情况，多谈一些大众化的话题，比如天气、购物、运动等。

一段不经意的“坏话”会带给别人消极影响，一句不经意的“好话”也会给别人带来非常积极的心理触动。比如对人随意说出的一句鼓励、赞扬和肯定，可能就是他奋斗路上的“强心针”，促使他在自我怀疑的时候获得自信，在彷徨不定的时候坚定信念。

因此，如果你本身就是一个非常随意的人，平常根本管不住自己的嘴，为了避免无意中对他人造成的伤害，那就锻炼自己多说一些可以鼓励别人的话，少说或者尽量不说打击别人的话。

一定是你插话的姿势不对

相信柠友们都遇到过这样的情况：

午休时间和女同事唠叨家长里短，不知趣的男同事经过，非得问清你俩在聊什么，硬是要加入，你们只好起身结束唠嗑，对此人开始心生厌烦。

你跟朋友在聊天，但是朋友家的孩子一直过来不停插口“妈妈，这个我知道；妈妈，你看我这个……”你一肚子厌烦也只能忍着，但在心里已经给这个孩子贴上了“没礼貌，不懂规矩”的标签。

以上所列举的情况，就是最令我们讨厌的“插话”。相信我们每个人不仅都经历过，还有可能在不经意间亲为了。细究这些“插话”的原因，不外乎这几种情况：一时情难自制，到嘴的“话”脱口而出；想融入他们的团体，维护正常的人际关系；想迅速取得大家的关注，得到大家的认可；等等。

避免这种“插话”的方式也很简单，学会察言观色，适可而止。比如，在开头案例中，作为男同事见到两个女同事在那儿唠嗑，说的可能都是一些比较私密的话。当你靠近时，人家不说了，那就说明人家不想让别人听到，此时你应该做的就是果断走开。

此外，还有一种“插话”也是令人非常讨厌的，别人在阐述自己观点或意见时，你会时不时地插上一句，有的可能与话题有关，有的可能与话题完全无关。于是你可能会说，那我忍住不插话不就得了，听他讲完我再发表意见。在有些时候，这个方式是适用的。但在有些时候，在与别人的谈话中，一味地沉默寡言只会使对方丧失谈话兴趣，草草结束谈话。

观察对方情绪，学会在必要时刻有技巧地插话，会让聊天收获更好的效果。他的表情、语气、语速、手势等，都无一不表示出他当下的种种感受，是热情的还是无感的，是紧张的还是放松的，要选择在“必要时刻”做出回应。

什么才是“必要时刻”，接下来就听柠檬仔细地讲一讲：

首先，当对方在发言中不时地瞧一瞧你，并逐渐语速放慢、声音减轻，这个时候很可能是他担心你对他的发言内容不感兴趣了，降低了继续讲下去的热情和欲望。这个时候，照顾到他情绪的需要，你可以适时地说一句“真的啊，我都不知道，你快给我讲讲”，这无异于给对方打了“鸡血”，使他有了继续讲下去的动力。

其次，当对方在叙述一件令人愤怒的事情时，你可以尝试插一句“你一定很生气吧”，以便诱导出他的情绪，让他平复下来。这种顺应对方情绪的插话，更有利于聊天顺利地进行，也拉近了你们的关系。需要特别注意的是，一定要保持中性态度，插话的内容既不为致使他情绪波动的另一方开脱，也不去肯定他是对的。

我们无须对他所说的内容进行判断与评价，因为我们无法感同身受所有的细节，只需顺应他的情绪，并诱导出他的情绪。

再次，在对方叙述的过程中，根据他所说的内容适时地表达出自己的理解，比如“你的意思是……这样的话，我们就能……”，这不仅有助于你更好地理解对方意图，还能让对方从中感受到你的专注与认真。

最后，在聊天之中切入话题，需要是双方共同关注的内容，这样才会引起共鸣，使“插话”显得不那么尴尬。还要学会看人脸色，分清什么时候该说，什么时候不该说，在这一点上充分体现出一个人的情商的高低。

所以，不是所有的插话都令人厌烦，适时巧妙地插入适当的言语，说不定会收到意想不到的良好效果。插话同其他事物一样，有其规律性和基本原则，要善于发现并努力遵循，比如细心倾听、把握时机、察言观色等。只有顺应说话人的节奏，你的“插话”才是受欢迎的。

别人的自嘲，你千万不要附和

如果我笑，不一定就是心情好；如果我自嘲，也不一定是把一切看开了。所以，如果我放肆地调侃自己，也请你不要说“没错”，因为这样，我可能会很难过。

自嘲，通常被认为是人格健全和心理健康的重要标志。在娱乐圈，自嘲更是一件“圈粉”利器。比如，某当红小鲜肉就曾在与其他女星合影时大方踮起脚尖，自嘲自己的身高短板。从心理学上分析，自嘲是心理治愈的一种有效方式，能化解尴尬，倾吐郁闷，活跃气氛。所以，不少人都提倡多用自嘲的方式化解心理天平的失衡。

可容易被忽视的是，很多自嘲的人，除了想要活跃气氛，还是为了保护自己。从防御机制的角度看，“自嘲”是一种对自我不足的批判行为，但这并不等同于“自轻自贱”，而是化被动为主动，把自己的缺点和不足暴露出来。与其害怕被别人揭示出自身的缺点，还不如以自嘲的方式先人一步说出来，从而消除被他人揭短时带来的窘迫。

但是作为倾听者，当听到别人自嘲的时候往往会忽略自嘲者背后真正的心理需求——希望得到鼓励和反驳。

此时，如果你附和说“你终于发现了自己的缺点了！”或发出类似表达的时候，不仅让自嘲者想活跃气氛的意愿落空，还容易让那些心理上本就自卑或脆弱的人因过于难过而记恨于你，我想这是谁都不想看到的结果。

这个时候对于倾听者而言，一句“哪有，你现在已经很好了”的肯定，会让自嘲者倍感温暖和善意。如果你就是不想对自嘲者表示你的鼓励，那么顺便挖苦一下自己，顺带着转到其他话题上也不失为良策。

此外还需要特别注意的是，别人自嘲过的方面，更不可拿来当笑料。比如，如果有一个朋友在聊天时自嘲过自己的体重已经突破秤的极限，那平时的相处中，你可以偶尔跟他说“你是不是瘦了，感觉脸小了一点”，或者从其他方面给予鼓励，比如“我今天看到一个模特，长得稍微胖了一些，但是特别自信还会打扮，就和你一样，给人的感觉很阳光、很舒服”。

这样一些积极的反馈，能让对方不知不觉中感到自信和开心。“好言一句三冬暖，恶语伤人六月寒。”和谐的人际关系就在三言两语的闲聊中建立起来的，用积极的鼓励回应别人的自嘲，不仅能“把天聊活”，更能温暖人心。

就一定的角度而言，自嘲是一种高层次的幽默，但并不是谁都做得来的。重要的是注意场合和尺度。稍不注意，可能就会起到反效果。所以，从现在开始，学做一个会自嘲的人吧！

别说笑话不好笑，不然到头来尴尬的可是你

我们常常会遇到这样的情况：

一群人聚在一起，其中一人为了活跃气氛给大家讲了个笑话。当大家都笑得前俯后仰时，却出来个人嚷着这有什么好笑的，还对大家的笑点以及讲笑话者的水平表示出一副蔑视的样子；

同事之间正讨论着某部电影，其中一位恍然想起电影中的一个画面跟自己曾经旅游途中看到的场景类似，便突然冒出了一句“里面有个取景地我去过，也就那样吧”，瞬间把天聊死。

……

想必大家与这样的人聊天都会觉得很累，分分钟想要逃离。如果你恰好就是这样的人，你也许疑惑自己明明什么也没做，怎么就惹人厌了呢？其实这就是缺乏同理心惹的祸。

所谓同理心，主要包括情绪自控、换位思考、倾听能力以及表达尊重等，是高情商者的必备条件之一。很多人把同理心理解为单纯的换位思考，这是远远不够的。我们看到，除了换位思考，感受与行动还需要跟上，才能算得上是真正的同理心。

拥有同理心的人，往往能够得到他人发自肺腑的信任，人际关系也会维护得极好。信任，是一种无关个人能力的素质，它与一个人的人格、态度、价值观有关。在现实生活中我们也会发现，与具备同理心的人相处，总是能够让人卸下心里的防备，放心地倾诉。

如何拥有或是提高自己的同理心，柠檬这就为你呈上：

第一，试着理解对方言语、行为以及肢体所表达的信息。一个人想要表达的某种信息，会通过各种途径表现出来：他所说的话，也许字面意思就是本意，也许是他故意说了反话。此时，你可以做简单重复，表示你的关注与理解。

他的行为，比如为了调节气氛，他说了个笑话，若是你能够感知到他的用心，配合着笑笑就是已经具备了同理心的表现。

他的肢体动作，如果他在整个讲话过程中不断地配合手势辅助发言，一定是迫切地想要传达一些重要的信息。如果此时，你能收起冷漠的面孔，换上一副完全了然的兴奋表情，会起到推动他继续讲下去的作用。

第二，试着理解对方所表达的情感、思维或动机。当一个人顾左右而言他，一定是心里还想着其他更为重要的事，又不好意思马上中断你们之间的谈话，所以才会说一些无关紧要的话来打发时间。此时，如果你能试探性地说一句："如果有事你就先去忙吧。"或者"要不今天就聊到这儿，我们下次再聚。”这能让对方放松许多，也会给对方留下你为人随和、好相处的印象。

如果一个人在说话，说着说着就放慢了速度，可能是他认为这段话对你很重要，想让你听得更明白。此时，你如果能做到认真倾听，就是拥有同理心的表现。

第三，给对方此时最需要的东西。洞察别人内心真实的需要，也是具有同理心最好的表达方式。比如很多时候，一个对着你痛哭的人，往往想要的不是你的建议，也不是无关痛痒的安慰，他可能更需要的是一个能够让他毫无顾忌倾诉的对象以及你递去的一盒纸巾。你给了他哭出来的机会和擦拭眼泪的工具，便是具有同理心的标志。

因此，对一个具有同理心的人来说，说什么、做什么有些时候并不是最重要的，能够洞察、发现对方内心真正的需要，并尽力去满足，这就够了。

最后，柠檬想提示各位的是，别说笑话不好笑，不然到头来尴尬的可就是你。让人喜欢上你，其实并没有那么难，提高同理心，试着理解他人，就会得到他人的喜爱。

拥有相似性，让对方更容易接近你

不知道各位有没有做过这样的事：

想跟一个初次见面的人搭讪，于是就会观察、揣摩对方的兴趣，以求产生共鸣，得到更好的沟通；

平时活跃在一些社交平台上，时常发布一些可以展示自己兴趣爱好、生活方式的照片，以求吸引有着共同兴趣爱好的朋友；

推销一款产品时，会事先去了解顾客的喜好，根据他的喜好来沟通、交谈，拉近彼此的距离，达到更好的推销效果。

只是大家可能没有意识到，这些下意识的举动，已经运用了著名的心理学效应——名片效应。

所谓的名片效应，是指两个正在交往的人，如果其中一人首先表明自己的态度和价值观与对方相同，就会促使对方产生亲切感，从而快速地缩短双方的心理距离，结成良好的人际关系。这种做法就犹如有意识地，向对方递出了一张关于自己的名片。

那么，如何借助“名片效应”拓展改善自己的人际关系呢？今天，柠檬在这里就教大家几招：

首先，正确使用“名片效应”，可以增强吸引力。当你率先向别人表明自己与他有着相同的态度、观点以及兴趣爱好时，对方的防御心理便会慢慢崩塌，多方面的相似性瞬间让他觉得你们是同样的人。如果他是踏实能干的人，那么在他的眼里你大多不会是浮躁懒惰的人。这样一来，你们在交流中的障碍就会越来越少，沟通的氛围也会越发融洽，彼此之间的吸引力不断增强。

具体的做法恰如“名片效应”的定义，无外乎向对方展示自己与他相同的兴趣爱好、价值观等，并投其所好。比如，对方喜欢运动，你就将见面地点约在球场、运动场，一起打个球、跑个步，说不定事情就能得到更好的推进。

其次，艺术地使用“名片效应”，能够增强沟通效果。生活就是一项艺术，如何艺术地进行沟通十分重要。在沟通开始的时候，可以先向对方阐述一些能够接受、易于引起共鸣的观点，可增加观点被采纳的概率。

比如想在报纸上刊登一则新闻，为了便于传播、易于读者理解，报社通常会选择一些大家较熟悉、能够接受的话题开头，这就像是向读者递出了一张名片，婉转地表达了报社始终站在读者的立场上。接下来的正文内容，也是这则新闻所要真正传递的信息，便在不知不觉中传播给了读者。

“名片效应 ”有助于消除来自对方的防范心理，缓解彼此的矛盾心情，也有助于减少信息传播渠道上的障碍，形成彼此之间志同道合的沟通氛围。学会合理运用“名片效应”，你在人际交往过程中所遇到的问题也会少一点。

第四章

平凡的生活中让自己成为焦点

气场，可以让人在平凡中成为焦点。一个见多识广的人，一个善于表达的人，他的气场无论怎样都不会差到哪里去。

让你在平凡中成为焦点的秘密武器

有的人，每当与人交流，就会不自觉地感到紧张、害怕，平时总把失败挂在嘴边，一开口就是泄气的话。这样的人，无论生活中还是工作中都很难获得成功。

还有的人，一出现在你面前，给你的感觉就与其他人不一样，就像自带圣光一样，讲的话都成为经典，做的事被列为典范。这样的人，想不成功都难。

这两种人的区别就在于气场。每个人都期待着自己能够拥有一个强大气场，站在别人面前时不怒而威。可实际上，不知怎么的事情就“跑偏了”，梦想中的场景没有出现，期待中的“气场”没有降临。前几天柠檬在书里看到这样一段话：“有一种能量看不见、摸不着，却可以让人在平凡中成为焦点，这就是气场。它可以让人在平凡中成为焦点。”

气场，是很有魔力的一件东西，强大的气场对于事情的发展起着良好的促进作用，并让拥有这种气场的人得到他人的尊重与钦佩。

那么，如何才能拥有强大的气场？或许大家可以试试以下几种方法：

第一种方法，养成看书的习惯。具体该看什么书，这没有界定，可以博览群书，也可以专攻某类，这要依个人喜好而定。古籍，能够让人变得有修养；推理小说，能够让人的大脑时常运转。即使是言情小说，对一个人的情商提高也是有一定促进作用的。

阅读过程中，心会慢慢地静下来，气会慢慢地沉下来。柠檬一直记得自己学生时代的一位历史老师，由于读过很多历史古籍，对诸多历史人物如数家珍。或许是“相由心生”，她整个人总是散发着一种独特韵味，有着一种古典的美，温柔却又不失严谨，并且气场十足。她也因此深受我们大家的喜爱，赢得了我们对她的尊敬。

养成读书的好习惯，以修养服人，不是很好吗？

第二种方法，交几个思想比自己成熟并且比自己优秀的朋友。拥有一个固定且不会扩大的朋友圈不是一件好事，交朋友不仅是为了人际交往的良好发展、人与人之间的互惠互利，还为了更好地促进自身的不断进步，这就需要多交一些思想成熟的朋友，以便从他们身上汲取有利于我们个人发展的、独特的学习和思考方式。

摒弃自己固化的观念和想法，抛去心中所谓的自尊，发现并且愿意承认他人的优秀，不仅是一个人成熟的标志，更有助于自己取长补短，实现对自身力量的增补，对自身气场是一种增强。

第三种方法，提高自身品位。品味这种东西，每个人都不一样，它是在成长过程中不断沉淀积累出来的，受很多因素的影响，也会随着一个人不断地成长而变化。所以，只要掌握一定的办法，是可以快速提高。

同样一盘菜，观察仔细的人与只粗略看一眼的人会有什么不同？前者也许会从色、香、味等方面的优缺点细细说起，即使不是行家也能让人充分感受到他对这盘菜的理解，有深度、有内涵。而后者可能只会说出菜名，或者只能简单地告诉你好吃与不好吃、好看与不好看。

由此看来，平时找到机会就要多多观察身边的事与物，了解社会发展趋势和时代潮流动向。养成看书的习惯，不断地积累和增加自己的词汇量，让自己的表达更加贴切形象。一个见多识广的人，一个善于表达的人，他的气场无论怎样都不会差到哪里去。

促进人际关系的一大绝招：亲和力

不管是职场上的你来我往，还是生活中的拌嘴唠嗑，我们总希望对方能够乐于听从自己，按照自己的期望行动。在这一过程中，或许你用了逼迫的方式，或许你巧妙地与对方建立了一种关系，让他心甘情愿地为你做事。

显然，两种方式所取得的效果肯定会有所不同。前者看起来过于简单粗暴，是很难达成目标的，后者尽管需要更多的耐心和技巧，但更容易实现目标。

那么，后者在与对方建立关系的时候，除了耐心和技巧，到底是哪种东西起到了最为关键的作用？这也是我们今天要说的主题——亲和力。一个人一旦具有了亲和力，事情往往就会往好的一方发展。

什么是亲和力呢？即一种使人亲近，愿意接触对方的力量，源于一个人或者一个群体对另外一个人的认同和尊重，是心灵上的通达与投合。一个人一旦拥有了亲和力，在生活上会更容易与人亲近，在工作上也会更容易得到信任。简单来说，亲和力无形中让别人愿意亲近你、喜欢你，甚至听从你的号召和指令。

可是，我们该如何做才能拥有亲和力呢？柠檬给你以下两个方面的建议：

第一个方面，倾听。说到“倾听”这两个字，大家不免感到疑惑，谁不会倾听呢？那不如我们试着做这样一件事：当别人准备对你说话的时候，闭上眼睛去听，试试用这种方式来听听他到底对你说了什么，可是到最后你会发现自己根本无法真正体会对方的意图，因为你忽视了他的眼神、手势等非语言的行为表达，对信息的理解和接受便大打折扣。

所以，倾听可不是那么简单的。一个人在说话时的姿势和神态，都是对他所说内容的补充或纠正，这些内容都会影响倾听的质量。比如在他说话的时候，一直在搓手，或者不停地玩着手边的东西，那你就会觉得他不尊重你，而你表现出的急躁或者心不在焉的状态，他也是能感觉到的。

那么，什么是最佳倾听状态呢？

不要紧盯着对方，我们可以在对方身上设定一个固定区域，最好固定在他的双眼与腹部之间，左右以肩宽为准，并适当地做出一些调整，这样可以让对方充分感到你是专注地倾听。身体稍向前倾，这可以使对方对你的好感度上升。另外，适时地眨眼和点头也能收获奇效，可以让对方感觉到你对他观点的认同。

第二个方面，共同性。遇到与自己三观相合、秉性相似的人，往往聊个三两句就会把对方视为知己，颇有相见恨晚的感觉，这中间其实也是亲和力在发挥作用。如此看来，若是想要增强自身亲和力以及与对方的熟悉度，寻找或创造共同点就十分必要了。常常有人以“我好像在哪儿见过你”作为搭讪利器，这其实也是在寻找与对方的共同点的一种手段。

那么，如何寻找两个人的共同点呢？可以是外在的，比如服饰、发型等，也可以是内在的，比如兴趣爱好、学历、经验等，更可以是其他一些社会话题。在这一过程中，观察必不可少。一个人的心理状态、精神追求以及生活喜好都会表现在他的表情、服饰、谈吐举止上，在交谈中认真倾听，获取有效信息，并以此为契机深入地交谈下去。比如从对方的口音中你发现你们居然是老乡，话匣子就此打开了，在交谈中你又发现，你们还有相同的兴趣，等等。

即使找不到共同点或是相似点，也可以找机会去创造、去模仿，这对职场里寻求合作的人是很有借鉴意义的。比如你想认识一个客户并促成良好的合作关系，就先去打听清楚这位客户的喜好、习惯等，这会成为你们首次交谈的话题。随着你对他的深入了解，不断地创造共同性，就没有做不成的生意、达不成的合作。

对越熟悉的人就会越喜欢

在新浪微博界一直有一句暗语——“送你上去”，意思就是送你上大名鼎鼎的“微博热搜”。“微博热搜”上都是新浪微博上最新鲜、最热门的资讯。但凡是上了热搜的人、事，必定会成为广大网友们津津乐道的话题。明星们也都想尽办法，希望自己能上一次热搜，增加自己的知名度，达到良好的宣传效果。

在心理学中，有一种“多看效应”，是指人们对越是熟悉的事物，就越会表现出好感。比如，我们最初接触一个人时，可能会觉得他长得不好看。但多次碰面接触之后，就渐渐不觉得他难看了，甚至还会觉得他有独特的人格魅力。这充分说明，提高自己在别人面前的曝光率可以增加彼此的熟悉程度和好感，从而产生相互的吸引力。

但是物极必反，我们明显地感觉到那些常上热搜榜的明星渐渐地引起了一些网友的反感。比如，我们经常听到某明星是“微博热搜女王”，开始时我们确实会好奇，会忍不住想更多地了解与她相关的信息，但是时间长了也就会觉得厌烦了，以致该明星很快就被贴上了“爱炒作”的标签，不少网友还纷纷表示即将“粉转路人”。

为什么一些当红小鲜肉频繁跑上热搜之后就开始“掉粉”？

因为他们打开“多看效应”的方式不对。多看效应之所以能发挥作用，前提是第一印象要足够好。若给人的第一印象就很差，就意味着见得越多，心中的厌恶情绪也会越多、越明显，这时“多看效应”反而起了副作用。

所以，当有些明星企图借助微博热搜话题“红成半边天”，却不知道他们可能早已成为众矢之的了。

在生活中，我们也不难发现，那些人缘较好的人，一般都会将这种“多看效应”发挥得淋漓尽致。他们善于制造双方接触的机会，一次次地提高彼此的熟悉度，从而彼此产生一种更强、更稳固的吸引力。

如今已不是一个自己闷头工作就能被别人认可的时代了，我们还需要通过增强人际吸引，学会不断在他人面前提高自己的辨识度，才能不断地增加他人对你的喜欢程度。一个自我封闭、总是想法逃避他人接近的人，一定是一位不容易被亲近的人，也是一位不太讨喜的人，他的生活、工作也必定不会特别顺畅。

随着生活节奏的不断加快，我们每个人的时间都变得极其有限。在人际交往与工作生涯中，如果能够恰当地运用“多看效应”，缩短与他人见面的时间，适当地增加见面的次数，这样会更加容易增进彼此的感情，从而收到事半功倍的效果。

如何在“人情”中如鱼得水

在连续几年的春节中，媒体报道中多了一个颇具中国特色的热点话题，那就是调查每个城市的“压岁钱、份子钱”的多少。这说明老百姓对这件事的关注度越来越高了，究其原因，是大家身上背着的中国特色的“人情债”越来越重了。

不只是份子钱，在很多其他方面，我们也常对“人情”两字深深畏惧、困惑和烦恼。

“讲人情”原本是有助于增进感情和促进亲朋好友关系的，并通过礼尚往来的方式，促使我们保持和他人的良好互动。但是“讲人情”也应该有一定的界限，否则会起到反效果，就像“份子钱”这件事，正在逐渐变成我们的压力和负担。

那么，怎么做才能在不影响双方关系的基础上，让我们避开身陷“人情债”的“泥沼”？

首先，要用到“己所不欲，勿施于人”的法则。比如一个人请你吃了顿饭，按照中国人固有“人情”思维模式，你必须要回请一次。那在未做回请之时，先在大脑里思考一下，想象一下：自己如果是他，会不会希望你回请。如果对方是你的亲密朋友，自然就不必斤斤计较，也不用在意是否要回请。如果对方是你的下属同事，请你吃饭本身就是有事相求，如果你再回请，反而增加了他们的心理负担。如果对方就是斤斤计较的人，那么你就果断地做出计划，一定要回请了。

其次，我们讲人情要善于“延时”，待到合适的时机再送人情会起到“滴水之恩，涌泉相报”的良好效果。还是拿吃饭这事儿来讲，第一天人家请你吃了饭，你急着第二天就回请，反而会让别人觉得你是一位特别计较的人，容易给对方造成一种“你们的感情连一顿饭都不值，才会这么急着还回来”的错觉。但是，如果他那几天手中正缺钱，你请他吃了同样的一顿饭，在他心中的意义就会大不相同了。

另外，请保持理性的态度看待人情往来。中国是一个讲究人情的国度，有关系好办事，通常指的就是“有人情，好办事”。但“人情”这个东西是不好定价的，人心里的这杆秤也不是那么好用的，维持它两端平衡的砝码会受很多因素的影响，其标准通常是变化的，因此“人情账”总是很难算清。

既然如此，我们就更要在“人情”这件事上保持理性的头脑，客观地看待这件事，把经济上的人情交换和社会关系划清界限。“亲兄弟”还要“明算账”，讲的就是这个道理。否则，我们很容易因为感情因素的影响对要做的事下一些错误判断，比如你会因为觉得和某人关系足够好，在求他帮忙之后就不需要做任何感谢的表示了。

一次可以，多次之后必然会让对方觉得你这个人不值得交往，他们虽然表面上可能不好发作，但内心会忍不住抱怨你，甚至会生出与你断绝来往的念头，从而影响你们的人际关系。

在中国，既然无法拒绝“人情”，与其在抗拒中苦苦挣扎，还不如适当地应用人情方法，保持和他人良好的人际关系吧。

人际交往中怎样善用环境

环境可以成为一种无声的语言，就像一个人的语言、动作、服饰能够反映出他的性格、职业、兴趣爱好、经济状况一样，环境也会潜移默化地影响一个人的行为，甚至影响人际关系。

人不会孤立存在，不管我们做什么，身边的事和人总会相互影响着，这便是“环境效应”。孟母三迁的故事就是“环境效应”最好的例证。所以，永远不要低估环境对人的影响。

那么，到底该怎么利用身边的环境来改善我们的人际关系呢？与人见面、约会之时，我们应该注意些什么呢？

第一，营造一个安静的氛围。选择一个相对安静、不受打扰的空间，比如专门的接待室或者优雅的咖啡厅，这些地方通常会给人带来温馨、庄重、平和的气氛，为双方之间的沟通、谈判做好铺垫。相信很少有人愿意在一个嘈杂的、顶着不断被身旁人打扰风险的餐厅展开一段重要的谈话，大多数人都会愿意选择一个可以心平气和地喝着茶、把事情说清楚的安静场所吧。

第二，利用家庭环境，营造温馨的氛围。谁都知道，家是一个人最重要的生活的地方，也最隐私、最少让人涉及的地方。一个人如果愿意邀请另外一个人到他家里做客或者谈事，被邀请者自然会深切感受到邀请者对他的重视和信任，显然邀请者不再把他当成“同事”，而是“朋友”，这会让双方的关系更上一层楼。

当然，需要注意的是，在同事到来之前，先把自己的房间收拾一下，最起码做到干净整洁，因为家也是一个人生活态度最细致的体现。环境的整洁与否，向对方传递出的是“你是否足够尊重客人”的信息。换言之，一个能忍受自己生活在脏乱不堪的环境中的人，绝不会是一个对生活、工作积极进取的人。

第三，利用音乐和灯光，营造浪漫的氛围。不妨选择一些浪漫、有情调的环境，想想看，温馨的灯光、优美的音乐、低声细语的环境，是不是比油乎乎的桌子、各种喧哗、隔壁桌还有人在耍酒疯的环境更让人心情愉悦？这会让对方对你好感倍增。在这样的环境烘托下，每个人的心神都得以放松，心中的隔阂和距离也会减少很多，再寻找一个共同的话题为契机，相信双方很快就会成为知己。

其实除了大环境的氛围选择，环境中还有很多小细节的设置会对你们的关系产生很大影响，例如整个环境的颜色、令人舒适的温度、光线适度的照明、桌椅的摆放等。

当你需要呈现出高雅、沉稳的形象时，可以选择以黑色或灰色为主色调的环境。当你想要呈现知性、优雅的一面，可以用蓝色和紫色来衬托自己。当你想要给别人热情的印象时，红色、橙色、黄色、绿色都是不错的选择。

不要小看环境对人的影响力，它透露着一个人很多的信息。更不要认为环境无用，它会是你人际交往中的一大助力。

教你一招特殊社交技巧——负性优先效应

我们常常看到一些家庭伦理剧中，总有一群没事就喜欢聚在一起的阿姨，她们不仅聚在一起打牌、逛街、喝茶，更喜欢在一起八卦，在背后说别人坏话，谈论是非。

其实，你不知道的是，她们这种分享八卦、分享负性信息的行为，也是一种特殊的社交技巧，它能使人们快速地拉近彼此的距离。

这种现象在心理学上叫作“负性优先效应”，意思是比起分享积极信息，与能够和自己共享负性信息的人更为亲近。简单来说就是，人们更容易凑在一起说别人坏话。

的确，当一个人表示赞美他人的时候，你只需附和一句就已足够，但当一个人说他人坏话时，你若想表示赞同，就必须冒风险讲明同样厌恶的理由，这样的共同厌恶点，让你们瞬间有上了同一艘船的感觉。

通常来说，人们都喜欢与自己相像的人。根据“负性优先效应”的理论，共同讨厌的事物，也成了判断彼此之间初步距离的因素。为什么会这样呢？在柠檬看来主要有以下三个原因：

第一，八卦是人们的天性。有时候，对某些人来说，聊八卦实在比共同探讨学术问题更令人血脉贲张。

第二，“不满、憎恨”这一类负性情感相比于欢乐更具传播性。就比如每当社会上发生一些恶性伤害事件时，对施害者的仇恨、对受害者的同情，都使我们一瞬间统一站在了正义的队伍，一心想要团结起来共同抵御社会上那些不安全因素。

第三，共同讨厌实则在传递双方之间的“信任”。前面曾说到过，讲坏话是有风险的。若对方正与你分享着一些负性信息，那么很可能他在向你传递“我是信任你，才会跟你说这些话”的信息，你会因为“感受到信任”，默默地缩小与他的距离，彼此的关系就近了。

不过，利用“负性优先效应”进行社交，是存在一定风险的，如果处理不得当，不仅彼此的“信任关系”无法建立，还有可能引发更大范围的恶性事件。

因此，在我们想用这一特殊技巧进行社交时，一定要注意以下两点：

第一，不是所有你讨厌的，别人就一定会讨厌。“坏话”有风险，“吐槽”需谨慎。有些时候，你稍不注意可能就会侵犯他人的私人领域或者特别在意的事件。比如，你跟一位好友聊着聊着，聊嗨了，不断吐槽你对这个社会的不满、你对他人的不满，没想到你无意识地攻击的一个公众人物竟是他的偶像，又恰好他是一位“死忠粉”，那你就不要怪他翻脸的速度比翻书还快了。

所以，吐槽还是需要注意点话题选择，并不是所有你讨厌的别人都会同样厌恶，搞不好你就走进了他的“雷区”，友谊的“围墙”就此炸裂。

第二，轻易不可分享负面信息。说白了，吐槽也是一种自我暴露，对一个刚认识不久的陌生人吐槽，暴露的往往是我们自己的不足和不成熟，这种“自来熟”的做法很有可能吓跑对方，并在他们的心里留下不好的影响。所以，只有当彼此之间有了一定的了解，再考虑是否可以使用这一特殊社交技巧，他是否愿意与你一起共同承担“负性信息”带来的风险和由此产生的那种微妙体验，才能避免踩到对方的“雷区”里。

每个人的心里总有许多负性信息、负性情绪，我们总会找到一个方式去排解、消散，适当的吐槽也是我们保持自身正能量的方式之一。所以，在聊天的过程中，当发现与好友话题濒临枯竭时，不如让对方发表一段无关痛痒的吐槽，或许由此之后，你们又开始了新的话题。

“负性优先效应”告诉我们的是这样一个道理，当我们得知一个人跟自己具有同样的负性态度时，就会觉得了解了“他的真实态度”，便自认为是更熟悉了解他了，也更愿意和他亲近。巧妙地掌握这一技巧，会比较有效地拓展自己的人际关系。

职场中人，如何学会与同事打交道

我们这一生接触的人可能数以万计，而这些人中，同事往往令我们很多人感到棘手，他们性格迥异，各有不同，对他们，我们既不能太过疏远，又不能过于亲密。

今天，柠檬就带你一起谈谈，怎么跟同事打交道。

首先，“害人之心不可有，防人之心不可无”。也许你会觉得这太过夸张和残酷，但请你相信，职场绝对不是大学一样的“象牙塔”。你们是彼此竞争的对手，只有打败对方才能升职加薪。因此与同事打交道时，一定要保留一部分自己，理清楚什么该说什么不该说，千万不要觉得你们是一起工作的伙伴就跟他掏心掏肺、口无遮拦。

当然，和同事打交道也不全是这么糟糕，毕竟工作中有竞争更有合作，单兵作战很难获得成功。作为一个成熟的职场人，社交活动也是必不可少的，与同事一起聚聚餐、唱唱歌，不仅能促进彼此的感情，还能促使大家平时工作得更加融洽。有时候，还能通过交往，了解更多公司的消息和内幕，让自己的工作开展得更加顺利。

其次，不要“愚直”。诚实与坦率是非常美好的品质，会让别人觉得你可信和可爱，而更加信任你，并愿意与你交往。但过于坦率和诚实就是一种“愚直”，不仅会失去他人对你的信任，还有可能就此暂时葬送自己的职场生涯。

比如，当你的同事正在夸夸其谈自己与某上市公司的领导关系有多铁时，你发现他说的与你知道的事实不太一样，于是“正直而坦率”地说了出来。本来，他只是想以此炫耀自己的人脉有多广，但经你这么一说，让他面子全失。可想而知，事后，轻则他会与你断绝往来，重则必将成为你职场生涯中的绊脚石。所以，此时最恰当的做法是，将自己知道的内容当成秘密藏在心里，耐心地倾听，并适当地给予肯定赞赏。

最后，量力而为，前后一致。工作中经常有这样的情况，新人刚进公司，一定都是小心翼翼、积极主动地做一些小杂事，比如每天提前来到公司打扫好卫生、提前给前辈们打好热水，赢得大家一片赞美。

但试用期过后，他们会觉得自己不再是随时被踢走的“小菜鸟”了，于是不再去做打扫、清理的基础性工作，给同事端茶打水更是难再有。这种事前事后截然不同的两种态度，势必会引起同事们的强烈反感，其在今后的职场交往中，很容易受到同事们的抵触。

此外，言行一致也很重要。很多人说话特别随意，常常是随口一说，转身自己就忘了。久而久之，必定让同事认为你是一个不靠谱的人，而不愿意与你深入交往。

以上的内容，柠檬主要就职场交往的一般技巧跟大家做个共同探讨，但在工作中我们还会遇到各种各样的“特殊人”，如果处理不好与他们的关系，势必影响自己的职场生涯。面对不同类型的人，应付的方式也不尽相同，柠檬在这里继续为你分析：

1. 应付“笑面虎”。如果你的同事笑里藏刀、翻脸无情，那你一定要学会留一手。这样的人会在需要你的时候热情得不得了，事后就会翻脸无情，当作什么都没有发生，甚至反踩你一脚。应付这样的人，不能明面上与他撕破脸，更不能掏心掏肺地交心，要学会应承附和，能帮则帮，帮不上也不要纠结。

2. 应付“吹牛拍马”的人。如果你的同事特别喜欢奉承领导，你千万不要因为看不惯这种行为而对他摆脸色，与这类人为敌是非常不明智的。谁也不知道他会不会在领导面前给你扎个“小针儿”，也不能确定他的话在领导那里有多大的影响力。总之，他吹他的牛、他拍他的马，并不损伤你的利益，只要你工作足够出色，又何必跟他们计较？见面时对他和和气气，他也会笑脸相迎，这才是相处之道。

3. 应付尖酸刻薄的人。如果你的同事伶牙俐齿、尖酸刻薄，平时喜欢挖人隐私、对同事常常冷嘲热讽，那么，你与他保持距离会是最好的做法。谁都不喜欢被人窥探隐私、嘲笑挖苦，这样的人一定是会被孤立的，生活中也没有什么朋友。所以，如果他也曾中伤你，不必为他的闲言碎语生气伤心，你越与他计较，他越是开心。你装作什么都没听见，他也会自觉无趣。

人际交往最复杂，也最好玩，因为你永远不知道下一个与你打交道的是什么样的人，所以很多时候不要苛责自己是否做到了让所有人都满意，但也请不要仅凭内心的好恶直接地表露出来。学习与人打交道，学会适应环境与现实，我们才能渐渐成长为成熟、有内涵、有肚量的优秀职场人。

生活中找到自己的“角色感”

在生活中你是否也会有这种感受：

一直和蔼的前辈，在升职以后会突然变得严厉；

一位看似沉闷无趣的男性朋友，在成为父亲以后突然变得温暖亲切。

前一种情况中，前辈升职前后的行为反差会让人误认为他是一个功利心思很重的人；后一种情况中，人们则会惊讶于孩子对人的影响力量。但其实以上情况都是“角色感”带来的转变。

就像目前大热的连续剧《狐狸的夏天》中的顾总裁，如果要给他贴上一个标签，“反差萌”必然是贴切的一条。作为总裁时，他认真严谨，近乎冷酷；作为女主男友时，他呆萌可爱。两种形象形成的强烈反差，实在是惹得电视机前的万千观众不禁捂住胸口感叹：“我的少女心要炸裂了。”剧中顾总裁的这种反差，就是他的一个“角色转变”。

这里的角色是指在社会生活中承担的责任和发挥的作用。“角色感”往往会给当事人带来极大的影响力，发生令人意想不到的变化。

角色感，有时会给身边的人带来很大的精神压力，比如当一个人置身于某个角色时，本来“应该这样”的事情却变成了“不这样不行”，有时也会超越当事人自己固有的原则和价值观，有时还会导致当事人为了让别人认可自己新承担的角色而演变出另外一种人格。就像《四世同堂》里的祁家长孙，在抗日战争即将爆发之际，他是有着强烈的为国捐躯意愿的热血青年，但同时他这长孙的角色又要求他无论何时都要顾全全家老小，确保一家之安宁。所以，在此精神压力之下，使得他原本有主见、有魄力的人格特质不见了，而呈现出优柔寡断的一面。

尽管如此，“角色感”依然是可以激励我们更快成长，激发出我们最大潜能的有效手段。因此，找到了一个适合自己的角色，才能不断地让我们成长。

陈佩斯和朱时茂曾经有一个经典的小品《警察与小偷》，讲述了一个耐人寻味的故事。陈佩斯扮演的小偷因为给同伙望风而穿上警服，扮演起警察的角色，这时刚好遇上了朱时茂饰演的真警察。在一系列的“警察角色体验”过程中，陈佩斯感受到做一个好人、做一个警察的愉悦。在角色代入感的驱使下，他最后还协助警察擒住了自己的同伙。这虽是一则娱乐小品，却也深刻地展示了“角色感”的力量。

我们常常羡慕那些在各种场合都可以切换自如的人，以为这种能力是天生的，殊不知，只要掌握一点“角色感”的秘密，并学会利用其力量，你也可以做到。比如你需要在一场聚会中争取到一个合作机会，但是你性格内向，很难表现出落落大方、干练的优秀职场人的样子，这时你就需要调动起自己的“角色感”了。

首先，你要明确自己进入的“角色”特征。为了更好地诠释这个角色，你要提前做好功课，比如该角色会有怎样的谈吐举止、需要穿戴什么样风格的衣服，以及应当掌握哪些专业场合的礼仪，等等。

其次，接纳这个角色。给自己足够强烈的欲望扮演好这个角色，也就是发挥主观能动性。

最后，付诸行动。在采取积极的行动之前，要不断地“演习”。比如先借助一些细节让自己进入角色，主动地与合作伙伴打招呼，直视对方，等等。

除了横向的“角色感”，我们在不同的人生阶段也会承担不同的社会角色，美国心理学家舒伯创造了“生涯彩虹图”，帮助我们更好地明确了一个人一生中应当做好的角色。也就是说你选择什么样的角色，就会成为什么样的人。

生活是一场没有剧本的表演，我们都是演员。入戏太深会让其他应有的角色失衡，入戏太浅就无法赢得角色该有的掌声，而其中深浅程度只能根据自己现有的价值观进行取舍，如人饮水，冷暖自知。

学会制造“反差萌”

“反差萌”是什么？跟“角色感”又有什么关系呢？其实它就是角色认知过程中出现的一种偏差，所以在介绍“反差萌”的概念之前，柠檬就先跟各位说说我们人类对角色认知的过程。

人都是懒惰的，包括我们的思维以及对一个人的认识。当我们第一次接触到一个人时，我们通常会借助以往的经验，将对方进行简单的归类。比如某人是一个富家女，就会推测她可能很纨绔、任性，有大小姐脾气。这种快速形成的对他人的印象，尽管有些武断，但可以大大简化我们认识一个人的过程。

此外，我们还会依照别人的社会角色对他抱有相应的社会期待。比如你是公司高管，那么你的行为模式就是专业、精明、冷静、干练。也就是说，提起“高管”这个词，我们就会马上联想到“精明强干”这个标签。你每时每刻都应该保持优雅得体、端庄冷静的外表。当你多喝了几杯，不省人事地裹在被子里，像一只春卷一样在床上滚来滚去，与我们之前的认识发生了冲突，这就形成了“反差”。

在我们心目中大公司高管总是气场十足、不苟言笑的样子，一旦这种印象被人打破，“萌”的感觉就产生了。

与之雷同的是，当我们发现一个优秀的人有了一些令我们意想不到的瑕疵时，也会产生“萌”的感觉，比如《欢乐颂》第一季中，安迪作为一个数学天才，却也是一个分不清东西南北的“路痴”，出去吃饭找餐厅都找得焦头烂额。她的瑕疵让我们觉得她并不是完美无缺、高不可攀的，也有普通人的一面。所以，偶尔“犯蠢”的优秀人才往往更能赢得人们的喜爱，这在心理学上叫作“出丑效应”。

和一个完美的人在一起，往往因为“己不如人”而感到惴惴不安。这样失衡的人际关系是难以保持长久的，谁也不愿意长期生活在自卑和压抑之中。由此，被认为杰出或优秀的人偶尔出丑，不但不会影响他的人际吸引力，反而会让他更具人格魅力。这就是“出丑效应”的价值所在。

当高大健壮的篮球队长红着脸结结巴巴地向你表白时，他很“萌”；当眼角布满了皱纹的妈妈还在向你的爸爸撒娇时，她很萌；当不苟言笑的领导在下班后忙不迭跑去接宝贝女儿放学时，他也很萌……

这是因为“反差萌”综合了两种不同的美好，让我们的人生变得更加真实、可以触摸，也就更能赢得别人的喜爱。

怎样有效地安慰别人

相信大家都有过这样的经历：

朋友跟你抱怨："我科目三又没过，烦死了。"

同学向你倾诉："今天我跟同事吵架了，好难过啊……"

你听完之后给他分析原因，提出建议，但最后对方非但不领情，还面生嫌恶。这是因为你的安慰不在点上，或许他们仅仅只是抱怨，具体该怎么做大致心里已经有了盘算，并不想给自己找个"军师"。

所以，我们必须清楚一点，安慰人本质上是要提供情感支持和情感连接的，也就是我们通常说的"感同身受"。

那么，怎么样才能做到"感同身受"呢？简单来说，有效的安慰包括四步。

第一步，共情，展示你的同理心。同理心，就是设身处地站在对方的角度，与对方一同感受他的感受。共情在我们中国的文化里面不是非常流行，因为我们总习惯于把情绪包裹起来、隐藏起来，不太注重自我的感受，更别说站到别人的立场上，体会他的感觉了。

共情的表达形式为“评价＋问句”，比如：“这件事发生得太突然，一下子没法接受，你心里也特别难受吧？”

第二步，提供倾诉的机会。倾诉也是一种疗愈，通过倾诉，对方会把积蓄的情感倾泻出来，心理上会轻松很多。表达形式就是提问题，用疑问句打开话题，给他机会让他倾诉。比如你可以问问他：“发生什么事儿了？”“怎么了？”“你想聊聊发生了什么吗？”如果对方不愿意回答，也不要逼问，给他情感上的支持就行。比如轻声跟他说：“没关系，想说的时候随时跟我说，我都在！”

第三步，提供情感支持。可以适度承认自己不会安慰人，反而更显得真诚，比如说：“我不会安慰人，但是看到你难过，我也很难受。”此外，最重要的是一定要表示你永远支持他，比如：“我也不知道怎么安慰你，但无论你需要什么，我能帮上忙的绝不推辞！”

或许你会认为这种光口头说说“只要你需要，我随时都在”的做法不够真诚，但这是一个误区，其实很多时候，对方根本不需要所谓的解决方法，如果你真的非要给建议又不想取得适得其反的效果，最好先去试探着问问对方，是否需要建议。就算对方需要，也要认真思考，你的建议是否切实可行，能否有异于平常的创意。

第四步，提供你行动上的支持，必须是具体的、你发起

的、你参与的，而不是泛泛的，还需要对方主动配合才能做下去的。

比如，你可以问“你想听听我的建议吗？”然后说，“我之前遇到这种情况时，就跑去逛街，购物能让我快乐。不如让我陪你去逛街吧？”而诸如“多喝点水”“按时吃药”“不开心就辞职”等，这些都是需要对方主动去完成的，你自己完全无法参与进去。与其那样去说，不如实际去做，比如“多喝点水，我给你倒一杯去。”“按时吃药，今天晚上要吃什么来着？我帮你去拿。”“不开心啊那不如辞职，我明天就帮你联系猎头，找找看有没更适合你的。”等等。

倾听和共情是有效安慰中最主要的两种方式，当我们的朋友或亲人感到痛苦时，我们最需要做的并不是冷静地分析功过、讨论对策，而是让他们感受到有人愿意分担这一份痛苦。

在安慰人的方式之中，最重要也最基本的是，一定要有一颗真心。有时候一个温暖用心的拥抱比一万句“怎么了”更有力度。

如何让别人更容易接受你的请求

想想看，如果有朋友向你借钱，你会很爽快地直接答应他吗？是不是要好好考虑一下，看看他借去是想干什么？

如果他先对你说："最近手头有点紧，能不能借 1000 元给我用用？"显然，你不太可能会答应借给他。

"我自己也穷得很呢，哪有那么多钱借给你。"

这时他再说："那就借 100 元行不行？100 元可不多吧？"

你是不是就会想："100 元确实也不多，刚刚都拒绝过他一次了，要是再不借，伤感情吧。"于是这 100 就成功被借了出去。

现实生活中与人相处，难免需要得到其他人的帮助，但有些时候一旦你向对方开口，便可能被他一口拒绝。你要怎么说才能让对方更容易接受呢？今天，柠檬想给你介绍的"留面子效应"，就是一个很神奇的小技巧。

生活中我们每个人都有给对方保留面子的心理倾向，因此如果你先提出一个很大的、会被拒绝的要求，接着再提出一个小一点的要求，因为"面子"问题，对方就不能再拒绝了。

那么他只能接受这个小要求，这会比直接向他提出这个“小要求”而被接受的可能性大得多，这种现象就被称为“留面子效应”。就像前文中借钱的例子，实际上借钱的人也许只是想借到100元。

那么，应该怎样使用“留面子效应”，才能帮助我们更容易达到目的呢？那就是在我们在做事时先思考一下，如何在“得寸”之前先“进尺”。

比如，当你想要老公给你买条裙子时，不妨先给他造成你要买很多件衣服的假象，“哇，你觉不觉得这件很符合我的气质？”“那件真心不错，想买！”“这一套情侣装我觉得有必要买下来，你喜欢吗？”“冬天到了，又没有大衣了。”

这一连串的提问肯定要把他砸晕的，于是你赶紧在他变脸之前，抓准时机和声细雨地提出：“要不，老公，我就买一件吧，也给家里省点钱。”这种数量上的反差自然会让他欣然接受你只买一条裙子的建议，不仅如此，还会让他生出“我老婆就是懂事”的自豪感。

但是“留面子效应”并不是任何时候都适用的，比较适用于平时关系就很好的两个人，因为足够熟悉，你才能够掌握恰当的时机。

“留面子效应”是一个可以使沟通、交流事半功倍的心理小技巧，与此相对，还有一个心理效应也很实用，那就是“得寸进尺效应”，也叫“登门槛效应”。

与留“面子效应”正好相反，“登门槛效应”要求先对别人提出一个小要求，再进一步提出一个更大的要求。它恰恰抓住了“一下子提出较大的要求，人们一般很难接受”这种心理，那就从小事开始，逐步提出要求，不断缩小与目标中的差距，这种方法特别适合你的目标要求比较大，甚至接近对方承受能力的临界点的情形。

比如当你约见一位公司的高管，他的时间特别紧，一般的业务他是不会直接与你进行洽谈的。这时，你就可以采用这种技巧，比如你说：“可以给我五分钟吗？”对方会觉得“五分钟还好”，因此，很可能会接受你的请求站着听你谈话，你开了一个精彩的开头，当对方沉浸在你的创意中时，你可以再次提议：“我们坐下来说吧，再给我五分钟时间好吗？”如此一来，那你便算是成功了一半。

身边的朋友不开心，我们该怎么做

当今社会压力越来越大，患抑郁症的人也越来越多。可你知道吗，抑郁症其实是身边的人和事物对一个人日积月累的影响所导致的，并不是一朝形成的。

可能我们身边有一些人正处在不开心的情绪中，但还没有严重到抑郁症的地步，他们也许会向我们求助，此时我们发自内心的关怀是对他们莫大的帮助。

那么，想要更好、更正确地帮助到求助的朋友，我们应该怎么做呢?

首先，如果朋友告诉你他不开心了，你就要先调整好自己的心态。不要对他的消极感到厌恶，反而应该感到高兴，因为他跑来向你倾诉，说明你是值得他信任的人。当你能够以积极的心态去接受朋友的消极情绪时，事情也就成功了一半了。因为你的情绪可以感染到他，让他感到自己是受重视的。

其次，你应该多倾听。倾听时要注意保持耐心，不要让他觉得你在应付。有两种方法是在倾听的过程中可以用上的：第一是适当地点头，第二是眼神的交流。

点头，是你对对方行为的一种反馈，这是在告诉他，你在认真听他的倾诉。与此同时，还要尽量看着对方的眼睛，眼神不要游离，不要一会儿看这、一会儿看那。过多的小动作，会让对方觉得你没有认真对待他的烦恼，甚至可能会因此再次惹恼他。而当你直视对方的眼睛时，不时跟他产生眼神上的交流，他们会觉得你对这件事情非常上心，从而得到被重视的感觉。

再次，倾听过程中做到“不评价”。这一点很重要，安慰别人就不能加入太多自己主观上的感受，比如“我都觉得你这根本不算什么”“比你艰苦的人多了”等等。要知道，每个人的心理承受能力是不一样的，所看待问题的角度也不一样，在你眼里的“不可理喻”，对他们来说，却是真真切切的痛苦。

所以，此时可以告诉他，“你会难受是正常的，别担心，我们一起找办法来解决吧”，也可以反馈他的情绪，“你现在一定很矛盾，有点害怕和着急”，或者说一些表示支持的话，比如“我会陪你渡过这个难关的”。

最后，要学会及时识别危险信号，小心朋友身陷抑郁的旋涡。当朋友有了一些不寻常的行为，比如透露出强烈的绝望感或者自卑感，表达想要结束一切的想法，或者他们把平时珍惜的东西都送人了，等等，你可能就要联系专业的心理咨询师进行干预了，为朋友寻求更为有效的帮助。

要做到这些不是那么容易的事，但是只要我们的用心是真诚的、善意的，就可能让对方的生活再次开出花朵，在此也希望每个愿意向我们敞露心扉的朋友都能被我们温柔以待。

第五章

道歉姿势这么差，让我怎么原谅你

只有从“讨厌”的人身上学点东西，才算没白“讨厌”一场。感谢那些令自己讨厌的人，因为他们，我们才不会也变成讨厌的模样。

如何对待那些让你讨厌的人

说到讨厌的人，大概每个人心里都会有一两个，柠檬也不例外。柠檬就曾经讨厌过这样一个人，她是我高中时的同桌，也曾是我无话不谈的好朋友，我们一起吃饭，每天都聊天。可进入高三之后，她的态度突然转变了，总是用最快速度解决学习以外的所有问题，就连吃饭好像都成了浪费时间的事情，一直不停地在学习。

她跟我聊天的时间也没有了，每天待在老师办公室的时间却越来越多。当然，与之相对应的，她成绩突飞猛进。而我，陷入高三巨大的压力和觉得自己被朋友抛弃、背叛的“泥沼”中，惶惶不可终日。

那个时候的我将一切责任都归咎于她，我开始对她感到不满，讨厌她一本正经的样子，讨厌她思考问题时紧皱的眉头，讨厌她背书时的念念有词……后来，只要一提起她我就会心情不好，她经手的事情，我都会本能地盖一个“讨厌”的印戳。

一段日子之后，我开始反思自己讨厌她的原因，其实她并没有做什么让我讨厌的事情。我的讨厌，其实暗藏着我对她人生顺境的羡慕，也附带着对自己无能的愤怒。我意识到，她的进取与我的无能，这种对比才是问题的关键点。

于是，我试着写出她的优点：她态度端正，在高三刚开始时就很快调整了状态全力冲刺；她敢于正视自己的真实情况，并且有了具体的学习规划；她专注力强，专心致志学习时丝毫不受外界环境干扰……而我，因为之前基础不扎实，虽然也一直很想拼一把，却始终无法对自己下狠手，毅力不够坚定。

经过这样的梳理以后，我挖掘了我的暗面，发现了她的亮面，并发自内心地接受了她的改变，这对还是高中生的我来说是非常不容易的，毕竟承认自己做得不够好是挺受打击的一件事。可是当自己勇敢地去面对之后，我的心态和行动也发生了翻天覆地的变化，我也开始努力，向着积极美好的一面进取。

所以柠檬觉得，不要费心思讨厌一个人，讨厌是没有价值的。我们讨厌的那个人身上反映出的正是自己内心的缺口。只有从“讨厌”的人身上学点东西，才算没白“讨厌”一场。单纯的“讨厌”，会让一个人变笨。

如果真的遇到一个让我们“讨厌”的人，不要任由这种负面的情绪占据上风，而是从这个情绪的入口自省和学习。对于一个我们不喜欢、看不惯的人，如果只是简单粗暴地去讨厌他，那么这个人所有的优点缺点我们都会忽视，错过一个立体探究自己和别人的机会。长此以往，人生难以丰盈、缤纷。

其实，我们身边的人都既有优点也有缺点。正如高晓松所说的，每个人身边的人群都是正态分布的，有你喜欢的人也有你讨厌的人。对于那些我们讨厌的人，秉持讨厌态度只会让自己的情绪变得更加糟糕，最好的办法就是取长补短，多去想想如何才能避免别人的缺点长在自己身上。

感谢那些令自己讨厌的人，因为他们，我们才不会也变成讨厌的模样。

不要只挑别人的错，我们或许也是坏人

我们不喜欢被别人议论，却喜欢在背后议论别人。我们认识不到自己的自私、妒忌，却对别人的这些反应强烈排斥。和别人发生冲突时，我们要求别人换位思考、客观审视是非，却固守着自己的立场寸步不让。

其实这些都是受“自我宽恕效应”的制约，即发现别人的错误容易，看到自己的错误却很难。

如果有人问你：你觉得自己是坏人吗？恐怕没有几个人说“是”，而且不少人都打心眼儿里认为自己是个好人。这在生活中是很普遍的一个现象，大多数人都不认为自己是坏人，即使有不好的行为，也会为自己找到借口，或者下意识地把责任推卸给别人，这就是心理学上的“自我宽恕效应”。

我们都知道，世界上几乎所有宗教都倡导忏悔，就是主张人们勇于发现自己的过错并进行悔改。要发现自己的错误，就要经常反省，正如曾子所说：“吾日三省吾身。”我们应该养成自我反省的习惯，当发现事情不对劲的时候，扪心自问：自己是否有错，在整个事件中又该负有怎样的责任。

俗话说，人非圣贤，孰能无过。无论是在工作、学习还是生活中，我们总会犯一些错误、做错一些事情，这很正常，问题的关键在于我们是否能够正确地看待它、及时地发现它、勇敢地承认它，并努力地改正它。项羽不能发现自己的错误，最后自己在乌江自刎而死，临终前大喊："天亡我也！天亡我也！"反观刘邦，却因为能够听从谏言，及时改正错误，终成霸业。一个勇于承认错误的人，是能够认清自己的人。他们往往能够做到修身修德，改变陋习，愿意在成长的道路上不断地提高自己。

日常生活中，我们总是习惯把自己局限在一个小区间内，不愿意走出去，久而久之就很难看得更远，更不会尝试换个角度看待问题，也就很难主动挖掘自身问题，发现自身所犯的过错。那么，面对自己的错误，我们该如何做才能及时发现并承认它呢？

答案就是，虚心接受别人的意见。"当局者迷，旁观者清"，作为身处"局内"的当事人，看待问题往往过于片面，考虑得就会不那么全面。这时旁观者的建议就显得很重要，因为他们的立场是中立的。所以当听到别人对自己提出某方面的建议，不要急着反驳、辩解，更不可认为对方是在针对自己、中伤自己，而是先让自己冷静下来，根据对方提出的内容仔细回顾，自己在整个事件中有无不妥之处。同时，站到对方的角度去想一下，接下来怎样做比较好。

可能很多人会说，为什么别人就不能觉得自己有错，不能迁就一下我，非得让我来迁就别人？为什么最后做出让步的人一定要是自己呢？其实这是一个“死循环”，因为我们每个人都希望自己是圈子中的中心人物，别人都因我而改变。如果走不出这个“怪圈”，不仅会把事情搞砸，自己的心情也会因此变差，影响工作和生活。

换个角度去思考，那些能够及时指出自己错误的人，才是真正想帮助自己的人。如果没有他们，可能你还沉迷其中，继续错下去。人之大善，就在于“知过能改”，敢于改正了错误，错误就可能成为我们成功道路上的垫脚石。发现自己的错误并予以承认是可贵的品质。“人贵有自知之明”，说的是既要看到自己的不足，也要看到自己的长处，只有这样才能在工作中做到扬长避短，不断取得好成绩。

如果感觉自己无法做到客观地看待自己，不妨多听听身边人的意见，看看他们是怎么看待你的，进而了解真实的自己。

批评别人可以这样做

你有没有这样的经历：

看朋友这件事做得不对，好心给他建议提醒，结果人家根本不领情，反而跟你产生隔阂，但不说出来，自己心里又觉得憋屈难受。或者在一段恋爱关系中，他的一个习惯让你很不满，你担心一旦说了，可能导致吵架甚至分手，但不提出来又觉得无法忍受。

常言道：“良药苦口利于病，忠言逆耳利于行。”但生活中真正能做到接受“逆耳忠言”者并不是很多，多数情况下我们的“苦口直言”会适得其反，给自己的人际交往带来障碍。如何让自己的批评和建议被积极接纳？有两个“绝对”的原则需要注意。

第一，绝对不能在没有任何“解释”做铺垫的前提下就驳回他人的意见。工作和生活中，我们总会遇到一些性格比较强势的人，他们有着强烈的个人主见，一旦有人提出不同意见或指出他们的不足和错误，他们就会直截了当地驳回或者马上打断对方的发言。这样一来，势必会引发对方的不满与抗拒，之后他们所持的观点和意见，也就不能再让对方认真听取了。

试想一下，如果他们先肯定了对方的意见，再解释一下自己观点和意见形成的原因，这样不仅可以避免引发对方的负面情绪，更能让对方静下心来认真倾听并接受建议。批评的真正目的永远不是“一锤打垮对方”，更不是为了伤人。我相信，发自内心的批评和指正，都是为了促使彼此的合作更加亲密无间，更快更好地完成工作任务。

第二，绝对不要在公开场合批评他人。指正他人的错误本不是一件坏事，但是如果你用错了方式可能会使得他人对你产生误解，认为你是“故意找茬”，尤其公开场合的批评指正更应慎之又慎。

例如，开会过程中，你发现同事数据出现了错误，如果这时你“心直口快”地当场指出这个错误，那么很抱歉，不管你的话语温和与否，这个同事可能都会在心中把你划入“黑名单”。因为在他看来，你完全可以提前或者会后私底下跟他讨论这个问题，但你却在大庭广众之下让他出了丑，他觉得自己当众被贬低，丢了“面子”，面子对于中国人来说又非常重要，所以想要他不怨恨你恐怕都难了。

人际交往中最易被我们忽视的一点，往往就是我们心里那个自以为的“我说这些都是为了你好”的声音。如果你的批评指正没有充分地站在对方的角度认真思考过，你的表达就不能算是善意的，很容易就会让对方产生“你这是在通过损伤我的自尊心来提高自己”的负面情绪，不仅让你的批评指正落空，还会影响到彼此良好关系的建立。

那我们应该怎么批评对方，才能不伤害到对方呢？在这里柠檬教大家一个方法——三明治效应。

具体做法如同这个方法的名字，就是让我们把要向对方提出的建议和批评夹在两个表扬之间，这让受批评的一方更容易接受。第一层是要认同、赏识、肯定、关爱对方的优点或积极面，中间这一层夹着建议、批评或不同观点，第三层要给对方鼓励、希望、信任、支持和帮助。采用这种方法向对方提出建议或批评，不仅不会挫伤他的自尊心和积极性，还会促使他更加积极地接受建议批评，认真努力地改正自己的不足。

比如在工作中，如果领导直接批评你说：“这个月业绩不好，你是怎么搞的！”尽管领导说的都是事实，可你仍然会感到委屈和不满；但如果领导这样说：“你上个月表现不错，做事认真细致，也很努力，这些我们都看在眼里。但仍有些方面存在严重不足，致使任务没能按时完成，希望你能努力争取在下个月取得更好业绩。”是不是你一下子就觉得充满了斗志，并下定决心要更加努力工作呢。

再比如，你有个关系很好的闺蜜，但她总是指使你做这做那，时间久了你心里肯定不舒服。直接说出来吧，她可能就会觉得你小气。可不说出来吧，你又实在觉得委屈。

这时你就可以使用“三明治式”式的方法：

第一步，先让她感到甜头。你可以和她说：“你对我真好，热情又开朗，我在你身上学到很多东西，能认识你真是我的运气。”

第二步，委婉提出你的建议和批评。可以说：“我看你经常让我帮你做事，我知道你肯定不是故意的，但有时候我不确定你的需要，反而浪费了你的时间，其实你自己做可能效率会更高。”

第三步，提出鼓励与希望，让她改正自己的不足。可以说：“你的能力很强，我相信很多事你自己做得会更好，如果你遇到了确实无法解决的事情，到时候咱们两个可以一起解决，我一定会帮你想办法。”

这样不仅会让她反思自己的行为，又能让她感觉到你对这段友情的重视，你对她的批评也就显得不那么扎心，不伤及感情了。

批评不是目的，很多时候我们对一个人提出批评或者建议，其实是站在对方的立场，让他改正，帮他成长，从而更好地维护彼此的关系。但同时，我们深知，不同的表达所取得的效果会有所不同。所以，为了能够更好地达成沟通效果，我们还是选择一种更加委婉的方式来表达我们的想法吧。

柠檬希望，在掌握了批评这门技术之后，我们也能够更加宽容地接受来自他人的批评和指正。

如何面对生活中不靠谱的人

公司组建临时项目小组，有的人一开始表现得很合作，对布置给他的任务都欣然答应。但在后续的小组讨论会上却总是迟到，或者干脆找借口不来参加。做事情拖拖拉拉，交上来的东西也是随便凑合出来的。

尽管你感觉特别窝火，讨厌他当人一面背人一面的做派，但最后也只能认命地一边抱怨，一边帮他收拾烂摊子，从此在心里给他贴上了办事“不靠谱”的标签。

事实上，上述我们所谓的“不靠谱”，恰恰是对方对我们发起的一种“被动攻击”。而被动攻击是一个人用一种消极的、恶劣的、隐蔽的方式，发泄愤怒情绪的手段，以此来“攻击”令他不满意的人或事。

人们在进行被动攻击行为时，内心是充满怨恨与愤怒的，尽管他们公开展现出的是一副和蔼可亲的样子，暗地里却不作为、不合作。

每个人在生活中都有可能体验过被动攻击，也以同样的方式对他人发起过，由于它的隐蔽性极高，并且会有很多复杂的呈现方式，因此在这一过程中，当事者很可能并不自知。

比起直接地拒绝别人的要求，发起被动攻击者使用的方式更加多样化：比如表面服从，暗地里以拖延、敷衍、不合作等方式妨碍工作；或者冷处理，不直接表达情绪，经常挑剔他人；经常性的迟到，以“忘记”作为借口拖延工作或者根本不去完成任务；等等。这在生活中是常见的现象，很多时候我们根本意识不到自己受到“被动攻击”了，只会简单地以为是对方的不小心、马虎，怎么也无法联想到这是对方采取的一种攻击行为。

不仅如此，受到攻击的人好像根本感受不到，也就难以进行回击，这主要还是由于“被动攻击”行为极强的隐蔽性，如果处理不得当，还会被人认为是自己在小题大做。但其实，如果被攻击者感受到了攻击，并适时地做出相应的回击，即使力道微弱，比如简单的批评和责备，也可能会令“被动攻击”的发起者感到内疚。

最令人抓狂的是，你无法判断他的所为是否属于被动攻击。那么，在实际的生活工作中，我们应该如何应对呢?

首先，我们需要识别这种行为。被动攻击是一枚裹着糖衣的敌意炮弹，诚如上文，我们提到了一些被动攻击的迹象，但这并不表示只要这个人日常行为中有了这些迹象，就一定是在进行“被动攻击”。我们需要去根据这些表象挖掘其背后的动机和需求，才能确认他是不是在进行被动攻击，同时注意他平时使用这些行为的频率，以此来区分他到底是在被动攻击还是真的一时疏忽。

第二，设置你自己的边界。及时表明你的立场和态度，对其入 L“我不能一再地容忍你的‘不小心’”。比如小组作业中写明每个组员的分工情况和完成情况，每个人的工作情况和取得成绩一目了然，也充分地展示在大家的面前。这是一种保护自身边界的行为，也是在提示对方，我是不会一直为你的“不小心”或者错误行为埋单的。

第三，与对方进行具体的、有决断的沟通。如果你的小组或者工作团队中有一个人频频发起被动攻击，那么你和他需要良好沟通了。过程中需要引起注意的是，沟通内容一定要围绕具体的事务和行为展开，切忌没有具体方案的泛泛而谈。例如：“上次开会你又缺席了，第二部分的 PPT 也没有交给我们，我们需要了解你的情况。”

有决断的沟通意味着要表现出坚定、自信且想要合作的态度。我们需要一个双赢的结果，最终目的是为了解决问题，而不是质问或者责备。所以，良好的沟通不是一种说服，而是一种感染、一种自我形象展示。

缺什么，就觉得别人在秀什么

朋友圈已经成为现代人日常生活的一部分了，在朋友圈里分享自己的生活乐趣，看他人生活百态，为忙碌的现代人增添了不少生活情趣。不过，有时候也会出现一些让人哭笑不得的情况。

几天前，柠檬在朋友圈看到朋友发的一则信息，她吐槽男朋友犯蠢，评论的朋友挺多，大都是善意，只是有一个人的评论引起了我的注意：秀恩爱死得快，没事不要秀恩爱……

就此，柠檬又特意重新读了一遍朋友的这则朋友圈信息，里面还真没有一句类似“你侬我侬”的情话，就是日常的吐槽，怎么就成了他人眼中的“秀恩爱”了？

仔细想想，发表评论的这位朋友单身已久，渴望脱单的心也日益急切。通常心里想什么，眼睛里就会看到什么，所以他才会对此特别敏感。有人曾吐槽“缺什么，秀什么”，可实际上，更多的时候则是“自己缺什么，就觉得别人在秀什么”。这就是心理学中的“投射效应”。

“投射效应”是指将自己的特点归因到其他人身上的倾向。心理学家罗斯做过这样的实验来研究投射效应，在 80 名参加实验的大学生中征求意见，问他们是否愿意背着一块大牌子在校园里走动。结果，48 名大学生同意背牌子在校园内走动，并且认为大部分学生都会愿意背，而拒绝背牌的学生则普遍认为，只有少数学生愿意背。可见，这些学生将自己的态度投射到其他学生身上。

“投射效应”有两种表现形式：一是感情投射，即认为别人与自己有相同的好恶，进而按照自己的思维方式试图影响他人，罗斯心理学实验就是这种感情投射。二是认知缺乏客观性。

相信许多人都听过苏轼和好朋友佛印和尚之间的趣事。

一天，苏东坡去拜访佛印，与佛印相对而坐，苏东坡对佛印开玩笑说：“我看见你是一堆狗屎。”而佛印则微笑着说：“我看你是一尊金佛。”苏东坡觉得自己占了便宜，很是得意。回家以后，苏东坡得意地向妹妹提起这件事，苏小妹说：“哥哥你错了。佛家说‘佛心自现’，你看别人是什么，就表示你看自己是什么。”

在“投射效应”的影响下，人们倾向于按照“自己是什么样的人”的标准来评价他人，而不是根据被观察者的真实情况进行评价。当观察者与观察对象十分相像时，观察者也许会很准确。但更多情况下，以自己为标准去衡量他人，其评价的客观性打了折扣，易于造成严重的认知偏差，甚至会“以小人之心度君子之腹”。想要克服投射效应的消极作用，就要做到严于律己，客观看人，尽量避免以自己的标准判断别人。

“投射效应”也是一种心理定式的表现，它以评价人自己的心理特征作为认知他人的标准。当人们发现自己有某些不好的特征时，为了寻求心理平衡，就会把自己不能接受的性格特征投射到别人身上，认为别人也具有这些恶习或观念，这就是典型的“五十步笑百步”。

从这个角度来看，投射效应也是人本能开启的一种自我保护措施，让个人心灵得以安宁，但往往影响了自己对人和事的正确判断。所以与人相处的过程中还是需要谨慎对待，避免“投射效应”对自己产生过多的影响。

你能看到他眼底深藏的秘密吗

因违章而受到交警训斥的司机，为了避免把事情搞得更加糟糕，往往会故作笑脸，表现得服服帖帖；一对在家里正在相互赌气的夫妻，一旦有贵客来访，便会装作没事的样子，笑脸相迎。

这些都是我们的面部表情在起作用，我们常常会利用面部表情来掩饰和伪装其真实情感。但是，你内心那个真实的感受，真的藏得住吗？

莎士比亚在《亨利四世》第一幕中说：

上帝啊上帝，这个世界为什么这样喜欢说谎呢？

是的，我们常常会因为不得已的原因而说谎。这些谎言有些是为了保全自己，有些则是为了得到某种利益，有些也是为别人着想。但无论哪种谎言，当真相大白时，说谎者的信任度会受到损害，影响人际关系的再次建立。

我们很多人小时候都曾有过这样的经历，当妈妈质疑我们的时候，她会说：“如果你没有说谎，就看着妈妈的眼睛。”确实，眼睛最容易流露出一个人的真实情感。而你，是否可以透过别人的眼神看到他内心隐藏的秘密呢？

今天，柠檬就和大家聊一聊人们眼底深藏的秘密。

第一个，就是视线的方向。眼睛注视的方向或视线能够反映出人的心情和意向。视线斜视，常常被认为是说谎的标志。

比如，某位丈夫做了亏心事，不想让妻子知道。有一天，妻子突然诈他：“你到底做了什么事，还想要蒙混过关吗？”丈夫心虚，不敢正视妻子的眼睛，就会战战兢兢地看向其他地方，顾左右而言他。看到丈夫这副做贼心虚的样子，妻子便进一步确定了自己的猜测，在不停地追问下，丈夫只好“坦白”了。

视线斜视，其实是“不想让别人识破本心”的心理在起作用，丈夫因为说谎而感到不安，所以试图搜集周围的信息以求转移内心的不安，寻求安全感。除此以外，当一个人在交谈中视线闪烁不定，或者左顾右盼，也意味着他内心的不稳定或者不诚实。

第二个，是瞳孔的变化。瞳孔大小的变化也反映着一个人情绪活动的变化。当一个人的情绪激动时，瞳孔会不自觉地扩大，但瞳孔扩大只能说明他情绪激动，并不一定代表他就是在说谎。

我们常常看到，在比赛活动中，最终的胜利者在听到结果时应该兴奋得难以抑制才对，可是往往他们嘴上会说：“结果对我来说并不重要，我一点都不在意这个成绩。”但他的眼睛早已出卖了他，那份胜利的喜悦已经完全在他放大的瞳孔中显现出来。

第三个，就是眨眼的频率。正常情况下，我们每个人通常每分钟眨眼 5~8 次，但当人的情绪产生波动时，眨眼的次数也会有所增加。和瞳孔变化一样，眨眼这个动作本身就是一种身不由己的反应。

当有人给你使眼色的时候，他其实是在告诉你：“你和我此刻拥有的秘密，其他人无从得知。”这其实是暗示着你们之间的一种默契，在某个方面你们有着共同的感受或者看法。当一个人频繁地眨眼，说明他心里藏着秘密，并不想泄露那个秘密，他正处于两难之中，既不敢正视对方，让对方看出自己的心事，也不想让自己分神，以免一不小心说漏了嘴。所以，才会用频繁的眨眼来掩饰。

都说“眼睛是心灵的窗户”，其实我更想说“眼睛是心灵的大门”。当一个人闭上眼睛的时候，就如同关上了一扇大门，是不想让别人窥探自己内心真实想法的举动。如果你想看懂男朋友的想法，想知道他是不是在说谎，你就让他盯着你的眼睛。

做一个会观察的人，我们可以更加快速地了解别人当下的心境，也能更好地和别人相处。

揭开谎言的秘密

没有人喜欢被人欺骗，然而事实是，没有一个人是从来不撒谎的。有些谎言是恶意的，狠狠地愚弄和伤害了另外一方，比如恋爱中出轨的一方，时常对另一半谎称自己加班；为了骗取对方的感情，明明一贫如洗却谎称家财万贯。

有的时候，善意的谎言是必要的，比如置身爱情“蜜汁儿”的两个人，谎言可能是为了一个随后而来的惊喜；在外打工的儿女对父母撒谎，是为了让父母放心。

所以，有些谎言是可以原谅的，比如上述善意的欺骗；但有些谎言是需要我们努力甄别的，否则上当受骗还不自知，致使自己受到更大的伤害。

我们通常认为辨别谎言的方式，是看说谎者是否直视你的眼睛，说话过程中是否有过多的手势，是否会因坐立不安出现过多的身体动作。其实除此之外，还有一些细节会告诉我们对方是否在撒谎，那就是他的语气和不同于他日常的词句。

对此，我们可以从以下三个方面进行甄别。

第一，看句子的长短。谎言的篇幅要比实话短得多，也少了很多的细节描写。这是因为说真话的人虽然并不记得很多时间节点，但是会对一些细节记忆深刻，并能仔细地描述出来。

比如当你问一个人对他母亲的感情时，如果他的描述里有很多母亲说过的话，有母亲习惯使用的一些如撩头发等细微的动作，那他的话就很有可能是真的。相比而言，说谎的人更容易说出一些一般人不会去记的时间点，显然那是他们准备好了的谎话。比如你问男朋友昨天晚上去了哪里，他要是能把每个时间点做了些什么说了出来，那反而你要多留心了，他很可能对你撒了谎。

第二，避免使用指向自己的词语。当一个人说谎时，会不自觉地想和自己的谎言拉开一定的“心理距离”。最突出的特征就是，他们会尽量避免使用指向自己的词语，比如“我”。

举例来说，一个人在描述自己喜欢的电影时，如果用得更多的是大众对这个电影的评价，你就要留意，他很可能并不喜欢这个电影，或根本没有看过这场电影。当真正喜欢时，他说得最多的会是“我怎么怎么样”，比如“我看到电影这个场景的时候，总想到家门前那片草地”“我都看哭了”等。

第三，说谎者往往不会谈自己的感受，或泛泛而谈一笔带过。举例来说，如果你问男朋友一个女生好不好看，如果他回答说：“我舍友觉得她挺好看的。”你大概就能明白，他真实的内心感受是该女生非常好看。

柠檬想请大家共同读一读以下两篇短文，主要内容是关于一个人喜欢一种食物的。但区别在于一篇是真话，一篇是谎言。大家不妨试试自己能否分辨出来。

第一篇：

我猜我最喜欢的食物是番茄酱。我觉得我是那种可以把番茄酱涂到任何东西上的人，我根本不在乎别人会怎么看。当我还是小孩子的时候，这个习惯就养成了。

我记得是由于有一次我找妈妈要一片蘸果酱的面包，妈妈对我说："我们没有果酱了亲爱的，一点都没了。"我就向妈妈撒娇，于是妈妈说："那我给你弄点别的吧。"随后她就给了我一片抹了黄油的面包，还在上面涂了番茄酱，很多的番茄酱。我一下就被迷住了。

从那之后，当我在家饿了的时候，就会直奔冰箱而去，拿出一片面包，涂上黄油，最后抹上一层厚厚的番茄酱，这会让我的心情变得非常好。

第二篇：

我就说我第一个想到的食物吧。你知道酸奶油吧。我喜欢的是，比如说把一些酸奶油放在牛油果沙拉酱上。可能是因为我比较喜欢墨西哥风味的美食吧。

我还记得小时候妈妈会吃拌有沙拉酱的番茄三明治，后来我觉得沙拉酱看起来像酸奶油，我不喜欢沙拉酱，所以一直没有尝试酸奶油。但是现在……那种味道真的很不寻常，而且你还可以选脂肪含量比较低的那种。我对这个比较在意。

这对我来说是一种新的口味，但是我很快就迷上了这个味道。

大家一定发现了，第二篇里的这个人说的是谎话。因为他很少描述自己对喜欢的酸奶油的感觉，反而说了大量其他的东西，而且文字也比第一篇少了不少。

不过，有心理学专家对谎言曾经专门做过一个实验，其结果显示：我们大部分人在一天的时间里，会有两次严重的说谎行为，1/3 的谈话内容含有某种形式的欺骗，然而 80% 的谎言或许永远不会被人揭穿。这就说明，人们对谎言的鉴别能力远没有自己想象中的那么完美，甚至很多时候我们还在错误的鉴定方法里打转转。

既然如此，大家不妨就把它当作一种娱乐方式，不必刻意学习，因为生活中大多数的谎言都是无关痛痒的，甚至不少是善意的，如果非要把每个谎言都揭穿，不仅伤人，还会伤己。甚至有人做过一项调查研究发现，那些婚姻稳固长久的夫妻，往往都是对谎言察觉力差的人，看来“女人要学会装傻才会幸福”是非常有道理的。

这种“小团体”正在葬送你的生活

《请回答 1988》中有一幕一直让柠檬觉得很温馨：在丈夫们下班之前，胡同里的几个女人坐在一起择菜，唠叨家常，分享彼此的快乐，也为彼此的不快而叹气。昏黄的夕阳洒在她们的身上，色调交错融合，那颜色就像家中的炉火，让人感到平凡的幸福。

日常生活中的女人似乎极易这样，几个人围成一个“小团体”，然后沉浸在这个小团体的喜怒哀乐中，分享着彼此的喜怒哀乐。其实不仅是女人，无论是上学还是工作，一个大的集体中总会剥离出几个“小团体”。

有些如上文中描写的那样非常美好，而有些却不那么尽如人意，甚至会给这个团体中的每个人造成意识不到的危害。比如，当这个小团体的组成是基于成员间有着共同的假想敌时，由于我们大多数人是随波逐流，缺乏独立思考，所带来的伤害往往是多个方面的。

“小团体”最大的弊端就是容易消除个人独立的思考能力，实施“道德捆绑”。在从众心理的驱使下，人们笃信“人多即正义”，当有着与自己想法、观点一致的人越来越多时，自然而然地就形成了一个庞大的“道德代表团”，并利用他们的人数优势，以他们的道德标准影响着另外一部分人。

那么，这个小团体中在一开始发声较多的就是错误的声音，如果没有人勇敢地站出来反对，很容易就会让整个团队成员盲目地倒向主流话语权。此时的这个小团体就会发生“癌变”。比如，你会无意识地陷入了“嫉妒婊团”。

与那些因为共同理想走到一起的健康“小团体”不同的是，不健康的“嫉妒婊团”的成员是由于他们有着共同的“敌人”而聚在一起的，他们会拉拢更多和自己一样有嫉妒心的人，去孤立、打击他们心中共同的“假想敌”。“敌人的敌人就是我的朋友。”说的就是这个道理。

所以，在这里柠檬想提醒各位的是，我们应该时刻保持清醒的头脑，不要把这样结识的人当作真正的朋友。嫉妒就像一个指甲，你不去修剪，就要用营养滋养它，到头来不仅给自己的生活带来不便，还很容易刮花自己的脸面。所以，即使你对他人产生了嫉妒心理，也千万不要和跟你有着同样原因的人待在一起，否则就相当于释放出了心里的“魔鬼”，不能自拔，并且还会不自主地和小团体中的其他人一起“排异”。

排异现象的出现，其实往往来自团队中嫉妒心或自卑感较强的一个人或几个人，他们或许是团队中的小头目，其余人都是盲目的从众者。大多数的时候，发起排异的几个人会在被排异人的背后大肆批评他们的人品，让不明真相的“吃瓜群众”先入为主地给被排异者打上“叉”。同时，如果小团体中有人为被排异者辩护或者试图接近被排异者，这个团体中的领导者和其他人也会孤立、打击这个人。于是，他只好为了融入群体而附和着一起排挤共同的“敌人”。

很多时候，我们加入到某个小团体中，并非是有意识的，而是随着环境的需要被裹挟着融入进去的。但不论是处于一个良性健康的小团体里，还是不小心进入一个具有强烈排异倾向的非健康小团队中，都要时刻保持独立的思考和清醒的头脑。在此，柠檬给你支几招：

第一招，选对领导者，不要站错队。在任何一个团队中，并非任何做领导的人都值得跟随，尤其是一个嫉妒心强的人。嫉妒说明他的心胸狭窄，他今天眼里容不得别人，明天必然也会限制你的上升。

第二招，必要时候巧妙地利用“小团体”作用，提高工作效率。当你的上级给你布置了一项需要团队合作的任务，而你发现各个小团体之间由于彼此有偏见和隔阂，很难通力协作，这时就需要抓住每个小团体的核心人物，并让他们看到他们会在这项任务中的收获，取得他们的支持和主动配合。

健康“小团体”会带给我们很多快乐和便利，有时候还能提高工作的效率。但不健康的“小团体”往往会严重影响我们的生活，把我们引入一个错误的方向。无论身处哪一个“小团体”之中，时刻保持清醒的头脑与独立思考的精神，都是非常有必要的。

对“指责他人”说不

柠檬有一个朋友。

学生时，每天匆匆忙忙地出门买早餐，上课必定是踩点的；

工作时，一起完成一项任务，总是粗心大意忽略细节。

对此，柠檬内心的抱怨越来越多，终于有一天将不满说出了口，但人家却是振振有词：“都怪你总催我。”

这种相互指责，差点毁了多年以来建立起的感情，事后回想总还有些后怕。

相信在日常生活中，大概每个人身边都会有一个磨磨蹭蹭、做事粗心大意的朋友，这其实源于人类自然的天性，也就是无论错到何种程度，大多数人都不会批评自己，只会指责别人，这极其容易伤害对方的自尊并激起他的反抗。

曾经看到过一个很贴切的比喻，“批评就像饲养的鸽子，它们永远会飞回家的”。的确，当我们批评、指责别人，他们会为自己辩解，并反过来谴责我们，如此形成恶性循环，导致双方感情破裂。

假如我们每个人都能摒弃批评，寻求其他更为合理有效的方式来代替批评，事情也许就变得不那么难以解决了。那么，当事情来临，矛盾产生，究竟如何处理才是真正的解决之道呢?

首先，想要指责别人的情绪一旦冒出，一定不要冲动，先尝试下“左脑运动法”。一般而言，我们人类的右脑掌管情绪，左脑掌管逻辑，因此，我们可以通过左脑的运动来控制右脑的情绪，使我们快速地镇静下来，避免一时冲动口出恶言。

“左脑运动法”最简单易操作的就是数颜色了，先从自己所处的环境入手，比如数一数房间里一共有多少种颜色，分别是哪几种，这一方面缓和了自己的情绪，另一方面暂时转移了自己的注意力。或者尝试解决一道难题，比如想一想自己工作中还有什么没完成的任务，然后去完成。

其次，当我们镇静下来之后，尝试做换位思考，站在对方的角度去思考事件的整个过程，并对自己进行深刻的反思，看自己是否有不妥之处。

比如在文中开头的例子中，表面看来是朋友磨蹭的性子导致我们总是踩着铃声进教室，撇去朋友的性格因素不讲，认真想一想，究竟“是什么导致时间来不及的”：是头天晚上睡得太迟，还第二天早上贪睡了一会儿；是落下东西导致同学来回多跑了几趟，还是因为我不断地催促，致使她手忙脚乱浪费了不少时间。总之，试着去理解对方，将心比心，除去主观因素的影响，多做客观的分析了解，也许就会发现批评与指责的确不是解决问题的好办法。

最后，通过换位思考进行反思之后，再以“建议”代替“指责”。“建议”相对于“批评”而言，给足了对方重新思考的空间，也充分尊重了他选择与决定的权力，这是一种更容易被人接受的方式。比如可以找个时间与朋友谈谈心，过程中给他提些比较具体的建议。比如，每天坚持早起五分钟、做事之前先列纲要等。假如我们态度诚恳，必然不会引起朋友的反感。

如果确实是由朋友的性格因素造成，没办法让朋友改变，也不要着急上火，就变换一种方式与他相处。比如，可以默认和他一起踩点到达，毕竟没有迟到；或者果断地自己先去上课，顺便给他占个位子，利用等候他的时间做自己的事；等等。

无论是采用给朋友提建议的方式，还是换个方式与朋友相处，总比直截了当的批评更为有效，并且不伤友情。对“指责他人”说不，你会变得更好。

如何面对生活中的负能量患者

前几天有位朋友给我留言说，想要远离一个一直都处得挺好的朋友。主要原因是她的这个朋友最近工作不顺，情感方面也出现了问题，总是来找她倾诉。这位朋友说，天天听他抱怨这里、埋怨那里挺没意思的，这分明是把她当成了情绪垃圾桶，搞得她跟着也心情压抑了。

我想现实生活中有着同样经历的人，不止文中这位朋友，我们身边总会有一个人或者几个人每天都在传递着“负能量”。生活对于他们而言，好像就是来受罪的，没有一点开心的事情。

在心理学上，把能迅速让人的心情变糟，让人消沉的能量称为负能量。这种能量类似于坊间流行的传染病，会快速在人们的周围散开，令周边人的情绪也跟着变得低沉、消极，从而影响他们的心理健康。

人群中我们该如何识别这些负能量的携带者呢？经过细致的观察研究，我们发现，他们大致可以分为以下三种：

第一种，爱抱怨和指责别人的人。每当问题出现时，他们总会习惯性地将导致问题的原因归结到他人身上，认为都是别人的错，甚至是生活环境、社会制度的错，就是他们自己没有错。因此，在他们看来，既然问题不是自己导致的，自然就不必承担责任，更别谈他们会为此主动改变自己了。所以他们出现在人们视线中的形象就是永远不开心，所遇到的都是糟心事。

第二种，过于自恋的人。过于自恋的人往往沉浸在对自我的过度迷恋中，盲目地崇拜自己，认为别人都是无能的。他们不能理解别人的感受和情感，缺乏设身处地为他人着想的同理心，通常还会通过轻视别人和打击别人的自尊心来表现自己的优越感。

第三种，态度过于消极，总是习惯说“不”的人。他们通常习惯从防御的角度看问题，对所有事情都持悲观的态度，更不会像“乐天派”那样，遇到未知事件的第一反应就是去探索。对于他们而言，探索未知的新生事物风险太大，他们总是认为自己做不到而不敢尝试，然后就将自己的视角固化在防御的一面，拒绝向前迈进。

此外，负能量患者还具有脾气暴躁、偏执多疑的外在特征。那么，既然生活中很难隔绝与他们之间的交往，又应该如何处理呢？

首先，我们应该提醒自己，不管是抱怨、自恋还是悲观，

这些都只是一个人身上的一个侧面，不能代表他的全部。尽管他的种种行为有时让别人很不舒服，但是肯定是事出有因。那么作为他的朋友，面对处在人生低谷期、暂时被负能量困住的他，我们可以试着引导，帮他换个心情，也换个角度去看待事情。

其次，我们要尊重自己的感受。我们可以营造一个适合自己的朋友圈，通过寻找一群志同道合的好友，让自己变得更阳光、更积极。假如你不喜欢某个人，就果断地选择远离。如果他的负能量给你带来了深层次的影响，那就暂时不要跟他联系，我们每个人都有基于自己的偏好去选择与什么样的人相处的权利。

最后，柠檬想说的是，我们要坚定自己的内心。与别人对我们的影响相比，对自己影响最大的还是我们自己。你是什么样的人，或者你想成为什么样的人，这些才是对你最为重要的东西。这两样东西一旦确定下来，当身边出现了负能量患者，我们也能够客观地去处理，比如设身处地感受一下对方的情绪，放下对这件事的评价，积极地引导对方走出困境，这也是我们了解和提升自己的一种方式。

要知道，生活的主动权始终掌握在我们自己的手中。

第六章

渐行渐远的朋友，我该拿你怎么办

亲爱的朋友，即使我们渐行渐远，与你共度的年华也让我的回忆很潇洒。友谊天长地久，因为你永远在我的心中，永远在我最美的记忆里。

就连我的孤独你也不懂

说到“孤独”，柠檬想起前阵子刷微博时看到的一个热议话题：哪一刻让你感到最孤独？底下的评论有一大堆。

有人说，自己一个人身处闹市却无法融入；

有人说，一个人搬家却无人帮忙；

有人说，一个人去游乐园，看着别人成双成对；

还有一个人，说自己独自去医院做手术；

……

柠檬在最后一条评论前停了很久，试着去体会，它可能是这样一个场景：

看着病房里其他病人床边都围着一群家人，即将进入手术室的我面前却空无一人，拿起手机打开通讯录，翻到底却找不到一个合适的人来陪伴自己，即使是自己的父母也不愿麻烦……

那是一种无人可依的感觉。

每个人都应该感受过孤独，那一种永远作为旁观者都无法体验的痛苦体验。深藏在心里的这种“孤独感”，在心理学上被称作感到自身与外界隔绝或受到外界排斥，所产生出来的孤怜苦闷的情感。在孤独的世界里，无人依，无人懂。

那么，你的孤独究竟从何而来，又是从何时开始的？

或许在你不知道的某一刻，它就开始发芽生长了。童年时候缺乏关爱，与父母关系僵化，让你找不到可以依恋的人；长大后，由于缺乏自信与交往技巧，又不懂如何建立和维护与他人的亲密关系。渐渐地，孤独感越来越强烈，直到你被孤独的“海洋”吞没。

此时，为了不与社会疏离，也为了自己能够走上积极健康的生活，我们需要学会化解孤独。在此柠檬给各位两个方面的建议：

第一，重新学习建立亲密关系。在这一方面，我们需要努力做到两点：勇于交往，并与外界加强交流。当我们处在一个人生地不熟的地方，往往会手足无措，倍感孤独。这时候，不如试着“忘我”，热情一点、主动一点，鼓起勇气去跟人交往。适当的时候做一些小事去温暖别人，同时也能温暖自己。

很多时候，我们都会把自己“无人可依”的根源怪罪到别人身上，怪他们不够懂自己。而你不知道的事实是，我们其实一直生活在自己的世界里，根本没有把自己内心的想法对外吐露，别人又怎么能够有机会了解并理解你呢？所以，试着在一些人的面前适当地表明自己真心，分享快乐与忧愁，是建立亲密关系重要的一步。

第二，学会享受孤独。当身处一个热闹的空间里，我们可以选择独处；当我们一个人的时候，也可以选择把自己充实起来。无论是读书、绘画，还是旅游、健身，一切你自己喜欢的事物都可以成为你克服自卑、培养自信的机会，这也是促进自己与外界建立联系，为沟通交流增添勇气的良好手段。

当孤独感到来的时候，我们不妨试着忙里偷闲、闹中取静，写一写自己近期的得与失，哪些是让你感觉到美好的，哪些又是令你厌恶的。当所有事件跃然纸上，或许你就会觉得，无论好事还是坏事，经历了就是一种财富。

孤独，并不一定是好事或是坏事，但我们对待它的方式，决定了我们生活的好坏。

他的朋友圈仅对你展示近三天内容

最近网上铺天盖地的都是微信推出的新功能，朋友圈可以开启“仅对好友展示最近三天 / 半年”，一时之间大家对此褒贬不一。

起初柠檬也并未把这当成一回事，直到有一天习惯性地点开了一位好友的朋友圈，发现只剩下一条灰线以及“朋友仅展示最近三天的朋友圈”这一行小字，从一开始的一脸蒙，到后来失落感渐渐袭来。

柠檬才意识到，这项新功能真正被大众广泛应用了。

朋友圈本是人与人之间的一条纽带。

或许我们是许久未见的老友，时常翻翻你的朋友圈，看看你的近况，就仿佛远远地见了你一面那般心满意足。或许我们只是工作关系，朋友圈就是我对你进行初步了解的一种方式，也算是你的一张名片。可偏偏这条连接纽带被加上了期限，让我们想要走近一个人、关心一个人的愿望变得有了难度。

柠檬一直在揣测，那些设置了“朋友圈仅对好友展示最近三天”的人心里究竟是怎么想的呢？或许有以下三种可能性：

第一，为了凸显存在感，引起他人关注。在现实生活中，绝大部分人对遮遮掩掩、欲说还休的东西更有好奇心。有些人就是想利用别人的这种好奇心来刷自己的存在感，获得关注。无论是展示三天的朋友圈还是展示半年的朋友圈，甚至设置为完全“不可见”，都是基于原先“可见”的一种变化，而这一变化产生的原因，肯定不是单纯地想将自己好好地藏起来，更多的是想让别人对自己此项行为感到好奇，从而对他进行言语上的关心和询问，或者对他今后更新的内容更加留意。

第二，对自己的过去有了与当时不同的看法。觉得自己以前发的东西过于幼稚或情绪化，全部删除的工作量又过大，干脆就设置成“仅显示三天”了，这其实也是一位朋友对柠檬解释自己为何要设置权限这一疑问的回答。似乎确实是这样。人们常常会觉得过去的自己幼稚、可笑，言行举止中都能透出一股子“傻劲”，既害怕黑历史哪天会被人翻出来，又有些舍不得删去当初那份真实情感的表达，于是“仅展示三天”这个选项就再好不过了。

第三，这是内心缺乏安全感的表现。大家一开始使用微信的时候，列表里全是亲戚、同学、朋友，那时候发朋友圈应该是毫无顾忌的，愿意双手奉上自己的生活与熟悉的人分享。可是后来，由于社交需要，好友列表里刚认识的人越来越多，分享也越来越受到约束，但屏蔽人家似乎不太礼貌，这时候“只展示三天”的出现倒是帮了大忙。

明白了人们设置权限的部分原因，就可以不再胡思乱想了。再说了，他只给你看三天的朋友圈，那又如何？只要想了解他，他仍然坚持更新，你依旧可以通过偶尔查看他的朋友圈来关心、询问他的近况，好的关系是不会被这“仅展示三天”的障碍所阻隔的。

我不稀罕你冷漠的“安慰”

日常生活中，我们都曾遇到过这样的情况：朋友伤心或者郁闷了，在你面前寻求安慰。她说：“我好伤心，男朋友真的是对我越来越没耐心了，以前他不是这样的。”

于是，作为朋友的你会怎么说?

是：“你看嘛，我当时就说这个男生不靠谱，你偏不听，现在自己难受了吧！”

是：“我理解你，但是你多包容下他就好了嘛。”

还是：“辛苦你了，这段日子一定很难熬吧，有什么不开心就找我啊，我会一直陪着你的。”

柠檬相信，大多数人都会更加喜欢最后一种安慰吧，我们不妨来看看这三种表达的潜台词：

第一种，你埋怨她找男朋友眼光不好，没有听从你的意见。这是在显示自身预见性的同时，还狠狠地戳了朋友一刀，其背后的潜台词是，叫你不听我的，现在遭罪还不是你应得的。

第二种，你告诉朋友，因为这一切都是你自己选择的，所以你就该承受所有的苦果。

以上两种方式，表面看上去都对朋友的诉苦做出了回应，但是，语言中传递出的那种深厚的“事不关己高高挂起”的冷漠和奚落真是让人心寒。

第三种安慰，看似没有表态，却明明白白地告诉朋友，我是心疼你的，就算男朋友暂时对你不好，我也会永远支持你、陪伴你。

这样一比较，你觉得哪种安慰能够更为有效地抚慰受伤的心灵呢？

很多时候我们都不能真正理解别人，也无法体验其表达出来的真实情感，比如我们嘴里说着“我知道”“我理解”，接着脱口而出的却是“活该”“你自作自受”等自私和冷漠的言语。

为什么会这样？主要是因为我们大多数人都习惯性地站在自己的角度和立场看待问题、思考问题。我们太过注重自我感受和自我表达，却往往忽略了别人表达出来的真实意思和情绪。于是，我们自认为的“安慰”，只能让朋友本就伤痕累累的心口再挨上一记闷拳。

那么，如何避免在朋友向自己倾诉时，说出这样冷漠的安慰语言呢？今天，就让柠檬就给大家支几招：

首先，明白他人寻求安慰的心理预期。每个感到困顿、苦楚的人，他们向朋友寻求安慰，都只是想找一个缓解自己痛苦的安全角落，像小猫一样默默舔舐伤口而已。这个时候，再多的分析可能都于事无补。你越是严肃理性地回答他的问题，就越是容易勾起他的痛苦回忆，引起他的不适。

其次，少说多听。很多时候，你需要做的，其实就是为他泡上一杯茶，安静地听他絮叨。等对方将苦水倒完，情绪也就自然缓和平复下来了。而过多的事态分析，只会让你不小心就站在了“上帝的视角”，让他有种被居高临下指出失误的挫败感，这无法让他从你的安慰中获得更多的帮助。

最后，表明你对朋友的包容和喜爱。在安慰中，很重要的一点就是，你需要给予倾吐的朋友温暖和爱。你不用在意他诉说的事情的对错，但是你需要让他知道，无论怎样，你都会一直陪伴、支持着他。在绝望时知道自己始终无条件被爱着，总会让人感到身体里充满了无穷的力量。

我们不是造物主，也不是宇宙的拯救者，帮助朋友度过艰难岁月，不等同于能将他从痛苦的处境中“拯救”出来。我们只需要认同他们的痛苦，或者放任他们去感受痛苦、体验痛苦，别尝试快速地帮助他们驱散痛苦，只有经历了，才会成长。

和柠檬一起，学着做一个合格、温暖的安慰者吧。

渐行渐远的旧朋友，我该拿你怎么办

在生命的每个阶段，我们都会遇到形形色色新的朋友。有的和我们一起吃过饭、喝过酒，有的和我们一起度过了最美好的学校时光，有的和我们因为工作建立了深厚的友谊，还有的在我们孤独失意时给了我们最好的陪伴和安慰。

他们虽然出现在我们不同的成长阶段，但都给我们平淡的生活增添了让人留恋的温度，每一段经历都因为一些不同的人而变得意义非凡。

可是，也总有一些朋友，在我们的生命里留下一段印记后，和我们渐行渐远。即使你的社交软件里还留着他的联系方式，却不知道用什么理由打开聊天框。他分享的朋友圈让你觉得陌生，因为那全是他和别人的故事。你们已经太久没见面，他和你记忆里的样子已经大不相同。即使见面了，再互相搜肠刮肚寻找共同话题，也成了一件让人头疼的事。

那么，对于生活中那些渐行渐远的朋友，我们应该怎么办呢？是任凭曾经的友谊逐渐淡去，还是想尽办法努力维持？

首先，我们必须明白，并不是所有友谊都需要维系。

朋友有很多种。

一种是萍水相逢，本就不够亲密，自然无须费心牵挂。

一种是毕生的挚友，你们爱好相似、三观相同，就算分隔两地、离别数年，再见面时也毫无隔阂、亲密无间，彼此之间的默契是时间磨不散的。如果一生中能有一个这样的朋友，柠檬真心恭喜你，你太幸运了。

还有一种朋友，曾经你和他的境遇相似，面临的问题相似，思维方式也大致相同。你们有很多共同话题，你们共同的性格特质也让彼此比较愉快地相处。过去的日子因为你们的相互陪伴而温暖多彩。但现在你们走上了不同的轨道，没有日常互动的机会，也没有了之前的亲密度，见面后聊天话题也只是停留在过去的回忆里，然后尴尬地没话找话。对于这类朋友，我们既无法重现过去的亲密，却又不舍得就这么放手。

柠檬今天想跟你谈的，就是关于这第三类朋友的。不知道大家有没有听说过“150 人定律”。科学研究表明，人类智力水平允许人类拥有稳定的社交网络人数为 148 人，四舍五入大约是 150 人，而深入交往的人数则为 20 人左右。超过这个数字，便很难维持。所以，当我们不断地遇到新的朋友，与旧朋友渐渐疏远其实是一种必然。

这就告诉我们，对待旧朋友，第一要义是保持坦然的心态，天下没有不散的筵席，与其把自己困在过去的美好回忆中，哀叹“物是人非事事休”，不如在珍藏旧情谊的同时也去结交新朋友，努力把当下过好。

其次，要注意平时抽出少量时间、精力和不常见面的老朋友保持联系。在网络时代，很少有人会“一别黄鹤，杳无音讯”的。你可以从他的朋友圈、QQ空间、微博等了解他现在的生活。看见他的更新动态就随手点个赞，或在下面评论回应几句。

在一些特殊的节日，与其千篇一律地转发着毫无意义的祝福，或在朋友圈里对所有人高呼节日快乐，不如为自己留点时间，给老朋友发送一条手打的祝福。通过这些小事可以让他知道，你还记得他，关心他，希望和他的友谊能够持续。并且，从他的回应里，也可以看出他是否也想和你维系友情。

最后，既然是老朋友，偶尔的见面聚会还是会有的。既然你们的生活圈子不再重合，共同话题也只停留在模糊的过去，甚至品位、兴趣、价值观都有了分歧，那么不如回避这些可能发生冲突的话题，一起制造新的回忆。如果只是聚在一起单纯地吃饭聊天，饭桌上就很容易陷入沉默和尴尬。这个时候，不如一起玩一些互动性强的游戏，比如“天黑请闭眼”“谁是卧底”“你画我猜”等，在互动中摩擦出新的火花，为友情延长保质期。

除了以上三条建议，柠檬还想和大家共同分享《小王子》中的一句话：

你在玫瑰花身上耗费的时间使你的玫瑰花变得如此重要。

再真挚的旧友情，如果不愿意花费心力维系，也会被时间冲淡，只留下哀叹。

也许，并不是所有的感情付出都能获得回报，我们总要和一些生命中的过客一别两宽，各生欢喜。但正是一次次的聚散离合，才让我们的生命有了层次，才让我们逐渐成长。

柠檬祝愿大家，永远有好友相伴，不孤单。

“长”见面不如“常”见面

生活中，我们很多人都有过这样的经历：没有刻意去记忆一件事，但如果它经常出现在自己的周围，就会成为不可磨灭的记忆。

最明显的例子就是广告，没有哪个人真的去背过广告词，但大家就是能说出“今年过节不收礼，收礼只收脑白金”这些耳熟能详的广告词。究其原因，就是因为电视、网络上一次又一次地反复播放，加深了我们的印象。

人的记忆有这样的规律：反复多次地记忆，要比一次长时间记忆的效果要好。因为记忆的这个特点，社会交往中也产生了一个规律：人和人之间交往，见面的时间长不如见面的次数多更容易加深彼此的关系，这叫作“见面次数效应”。

我们大概都会有这种体验，如果我们和一个非常熟悉的人长时间不来往，忽然有事需要求助于他，就会感到不好意思开口了。这是因为长时间不来往，彼此感情淡了，当需要对方帮助时，自然不好意思张嘴了。俗话说，“三年不上门，当亲也不亲”，意思是说即使跟我们非常亲近的亲人，如果长期不相见也会生疏、陌生，由于没有共同语言，缺少心灵间沟通，感情也就疏远了，甚至形同陌路。

所以，如果想和对方建立良好的关系，不妨找机会多与对方见面，每次时间也不用太长。这样一来，还给了对方一个想念的机会，因为每次见面相处的时间太短让他更加期待下次的见面。当然见面的频率也是适度为好，否则就像上文中脑白金的广告词，大家听得太多了，也会产生厌烦的情绪。

那么，如何才能让别人“常”见到我们呢？今天，柠檬就此教各位几招：

首先，增加人前的曝光率，多参加同行、同事、朋友间的重要聚会。如果有一些重要的聚会邀请你参加，在时间充足的前提下一定要参加。到达聚会场地之后，不要只躲在角落里默默喝茶，要听听别人说了什么，适当的时候做个回应，也可以说说自己的看法，抓住一切机会让更多人对自己有印象。

其次，创造“偶遇”。如果想跟某人交往，那就不妨通过一些共同认识的人多搜集关于他的信息，比如，他喜欢什么、时常在哪里出现，然后不期然地出现在他的面前。此时，你可以热情地向对方发出邀请，如果对方不答应，继续“偶然”地出现在他时常活动的场所，如此往复。

最后，借助工具。如今是信息的时代，手机、网络成为人们生活、工作、学习的重要工具和途径。借助 QQ、微信等工具，时不时发条问候及节假日的祝福信息。

在与其聊天的过程中，不时表露出自己的一些特长，比如当你发现对方是一位经常需要写报告的人，而他对此又不是特别擅长，此时，你可以向他表露你在这方面的专长，时常跟他探讨一些关于写作方法的内容，如果他经常向你请教相关知识，线下见面聊天也就不再是一件难事了。

如果我们想与人交往，又担心对方拒绝自己，那就多创造出现在他面前的机会。“世上无难事，只怕有心人”，只要你用心去寻找，真心去对待，你们迟早会共同度过一段美好时光。

友谊天长地久

你会不会将一个人永久保留在通讯录中，或者把他设为特别关注，每次习惯性地点开会话界面却又关掉？

你有没有过一个曾经很熟悉、很要好的朋友，渐渐失去联系，再次见面寒暄之后，就再也没有可以聊的话题？

旧友见面，最心酸也最尴尬的一句话莫过于听到别人说，“我记得你们当年很好”。是呀，我也记得我们当年很好，一起吃饭打水上下学，一起听歌，一起相约看某明星的演唱会，一起偷偷看那个穿着白衬衫的帅气“校草”，一起约定高考后要去彼此的城市探望旅游。

然后呢？然后我们渐渐走散。这就是“友谊”，就是今天柠檬想和你聊的事。

友谊的开始总是很奇妙，也许因为我们同住一个小区，因为我们有过同一个认识的人，或者我们去过同一个地方旅游，我们同样讨厌香菜，我们一样喜欢吃辣，甚至仅仅是我们的笑点突然重合……这些都是友谊最初的基础。但是仅有邻近的空间、相似的性格、共同的爱好，还不足以使你们彼此成为闺蜜，闺蜜一定是一起骂过“绿茶婊”，一起撕过“白莲花”，交换过彼此深藏的秘密，袒露过自己不光彩的经历。

既然那么亲密无间，为什么还会渐行渐远？

柠檬觉得这个问题，大概与我们的成长特点相关。随着我们的不断成长，我们周边的一切也不断地改变着，不同的年龄阶段，爱好、社会角色、人生观、价值观都会有所不同。就拿爱听的流行音乐来说，初中的我喜欢歌手许嵩，高中的我喜欢五月天，大学的我喜欢陈奕迅，现在的我更爱听王菲。我们的朋友亦是如此。两个人的友谊，只要其中一个人有了变化，共同的话题就无法停留在当初了。

失去了共同话题，也就意味着曾经要好的两个人再次见面时可能无话可说了。长此以往，徒增尴尬，彼此的联系也就越来越少，直到有一天突然想起，原来我们曾是那么要好的朋友，但这时自己的身边或许已经有了与现在的自己更为相似、更为接近，也有着更多共同话题的人，不禁开始感慨岁月无情。

比起我们在不知不觉中的改变，更令我们感到无奈的是，我们每个人的时间和精力都是有限的，有新的朋友进来，就难免会有老的朋友出去。空间与时间是一切感情的“消退剂”，当我们忙于工作，就意味着再也无法与另一个城市的好友随时见面、聊天；当我们为生活奔波，就表示再也没有时间听朋友讲述他现在的生活和烦恼；当我们之间隔着屏幕和时差，那就代表再也不能在需要的时候得到一个温暖的拥抱……想想看，这样的友谊又能维持多久？

这样看来，友谊的逝去，是每个人都该接受和习惯的事情，但很多人和柠檬说，“道理我都懂，可是意识到他真的离开的时候，我还是难受得不能自已”。是的，当一段友谊逝去，我们难免会觉得心里空了一块，想做些什么，却又不知道该做什么，毕竟那些曾经陪你走过的朋友，是你孤独徘徊时支撑的力量。

所以，如果你已经意识到逝去不可避免，希望你坦然接受。你不需要装作什么都没有发生，一如既往地生活，你可以花些时间处理自己的感情和记忆，回顾你们的曾经，回想那些快乐或不快乐的日子，在你的心里永远留住你们的美好回忆。

最后，柠檬想跟你们以及所有我们生命中出现过的朋友分享一句话：亲爱的朋友，即使我们渐行渐远，与你共度的年华也让我的回忆很潇洒。友谊天长地久，因为你永远在我的心中，永远在我最美的记忆里。

为什么你会被删好友

前几天柠檬在后台看到了一位朋友的留言，抱怨自己被别人删了好友，却不知道是什么原因。

起初，是因为他想给朋友单独发送节日祝福，却没料到系统提示，是否要添加对方为好友。

他说："想东想西硬是没想出来自己有哪里做得不好，明明不久前我们两个人还聊得十分投机，怎么一下子就变了样呢？"

相信大家都遇到过这种被人删除好友的情况，因为言语冲突被删也就罢了，好歹清楚明白，最怕的就是某一天发现自己被删得毫无理由、毫无征兆，徒留自己一个人想入非非。

或许你会说对方只是一不小心把你删了，可是我们知道删除好友是需要"二次确认"才可以的。看来这并非是对方一时手误，或许对于"朋友"这个名号只是你单方面认定的罢了。

现在这样的交友时代，谁都能成为微信好友，无论是只见了一面的陌生人还是合作过一次的客户，"留个微信吧"，双方列表就又多了一个人。平时的联系多不多、关系好不好全看利益有多少。所以，就会存在这样一种情况，当对方某天情绪差到极点，却找不到一个人可以分享忧愁，翻着好友列表，看着一个个只有些许模糊印象的名字，想着今后不会再有联系，就一股脑地删了，恰巧你就是其中之一，所以无须苦恼。

除了这种类似于“定期清理”的情况，柠檬觉得还有以下几种情况是需要引起我们注意的：

第一种，认为你太无趣。看看自己的朋友圈，是不是清一色的鸡汤文转发，是不是总喜欢一句话表达自己的大喜大悲。如果是，很可能是对方心里觉得你这个人无聊无趣，也就没什么深交下去的想法，直接把你删掉了。

第二种，认为你会对他产生威胁。或许你是个自来熟的人，聊天不过三句就问及对方的年龄、工作、家在哪里，可能这是你一贯的待人之法，但有些人本想与你保持距离，你非但没有意识到，反而总是打探他的情况，这让他有一种被调查的不安全感，只想快快撤退。

第三种，文化与知识差异。每个人都是不同的叶子，自然不会有相同的纹络。同样，人与人之间的见识差异会让两个人渐行渐远。充实自己，不要让自己成为别人眼里见识短的人。

第四种，怕忍不住再联系。有些时候，防止自己“犯贱”的方法就是删除好友，也许在你们聊天的时候，你经常半天不回一条消息，久而久之，对方不愿再感受这样的若即若离，不如一“删”了之，避免自己整天抱着手机想与你联系。

事实上，一个毫无缘由就把自己删了的人，柠檬认为没有必要把他再加回来，无论是想问清楚被删除原因，还是想着不必就此成为陌生人，都还是放下吧。

毕竟，我们也有自己的骄傲，不是吗？

距离产生美不只是说说而已

不知道朋友们有没有发生过跟柠檬一样的情况，当原本跟自己关系不是特别亲近的人与自己有身体触碰时，自己会产生厌恶与烦躁不安的心理，只有与之保持一定的距离才会觉得相安无事。

这种保持适当距离以不破坏和谐的情况，就是我们心理学上说的“刺猬效应”，是由每当刺猬天冷需要彼此靠拢取暖时，都要保持一定距离以免互相刺伤的现象得来的，而这也被称为人际交往中的“心理距离效应”。所以，我们常说“距离产生美”真的不是说说而已，而是确有其事。

距离可以分为心理距离、空间距离以及时间距离，每种距离的保持都会引起不同的后果。与别人的心理距离过近，容易使自己丧失原则。与别人的空间距离过近，会使对方感到威胁甚至被人认为是“空间侵犯”。所以在环境允许的情况下，建议与陌生人保持一米以上的距离。

与别人的时间距离过近，会严重影响对方的生活。比如无端占用朋友的时间陪伴自己，就会影响到他的正常生活，还可能会影响你们之间的感情。

真正想要做到“距离产生美”，除了保持以上三种距离，还有几点也很重要。

第一，考虑性格差异。每个人的性格都不一样，有可能互相交流的两个人，一方开朗又粗神经，另一方内向又敏感。那么性情开朗的一方就不能像对待其他朋友那样，肆无忌惮跟内向敏感的一方开玩笑，或有过近距离的身体触碰，那都可能会引起后者的反感。

最好的方式就是，在日常生活中多去了解对方，他喜欢什么又讨厌什么，明白怎样的相处方式可以让他觉得最舒适。我们只需多加观察，综合考虑对方的性格、喜好等差异，以便调整好心理、空间以及时间上的距离，对不同的朋友采用不同的对待方式，就会与大家相处得更好。

第二，尊重他人隐私。其实我们每个人心里都有一片只属于自己的秘密天地，不愿被他人侵犯，即使是最亲密的人，也应该给对方留足心理空间，不随意打听、追问他不愿意说的事。但有些时候，“自我暴露”也是主动拉近与他人距离的一个交往手段。

第三，学会包容。我们不可能把每一个身上有着我们无法忍受的缺点的朋友都推远，我们要学会容纳别人的缺点与过错，若过分挑剔，就不是“距离产生美”，而是“距离推走人”了。我们可以时刻提醒自己，只要他的缺点对自己不会造成任何影响，那就不要跟他斤斤计较。

“距离产生美”，就像靠在一起彼此取暖的刺猬一样，不要太远，那样仍然会冷；也不要太近，那样会扎伤彼此。所以，保持适当的距离，才会让我们的人际关系越来越好。

三角形的友谊为什么通常不稳固

三个人的友谊是什么感受？这是某微博号上抛出的一个话题。在短短几个小时内，回复量已经达到超过 10 万。

网友们各抒己见，有秀闺蜜情的，有秀兄弟情的，但更多的是倾诉女生关系中三人友谊的无奈和憋屈。

“有时候三个人的友谊就是，两个人嬉戏打闹，剩下的人假装微笑。”

“只有亲情才能装下三个人，友情不行，爱情更不行。”

“第二杯半价，第三个人该怎么办？”

可以想象，在屏幕的那头，这些网友是抱着怎样感慨和无奈的心情来倾诉她们的故事。不过话又说回来，柠檬就曾经体验过这种“三个人的友谊有点挤”的感受。

刚走进大学的校门，我分别和舍友 X、Z 交好。但某一天开始，X、Z 开始走近，“两人行”渐渐变成“三人行”。起初没有什么不好的感觉，还觉得三个人一起更热闹。但慢慢地，我在这段关系中的角色开始变得多余。

那段时间里，我体验到了一起出门需要面对公交车上的双人座椅的尴尬，或者要求两人分组开展学习活动的害怕。尽管我不断地以“友谊也是看缘分的，不是我的我不会强求”自觉选择了退出，但这又何尝不是我对“担心自己是被剩下来的”的害怕与妥协。

都说三角形是最坚固的图形，但在女生的友谊中，为什么通常不适用？其实问题根源来自个人内心的不安。那些在三人的友谊中感到不适应的人，很多都是在这样的关系中失去安全感的。他们总感觉自己是多余的一方，最后选择退出。

女生通常又比较感性，过分地注重细节，一点小事也会放大，比如，其中的两人突然相视一笑，这时那位敏感者可能就会马上展开联想：“她们为什么笑呢？她们是不是又有什么秘密瞒着我？为什么没人和我说呢？她们一定没把我当朋友……”在这种负面情绪的影响下，怎么还会有安全感呢？

另外，心理学家舒茨提过人际需要的三维理论，认为人有三种基本的人际需要，即包容需要、支配需要和情感需要。对于这三种需要，人们有主动表现和被动表现两种满足方式。被动表现方式，是指我们总是期待对方接纳我们，与我们亲密，但在自己这一方，表现出的往往却是退缩、孤独。在三人友谊中选择退出的那一方，绝大部分都选择了“被动表现”的满足方式。

我们总是希望别人主动对我们好，这样才能感受到别人对我们的在意和重视，在一段关系中才会有安全感。但我们却忽略了安全感不是别人给的，而是我们自己给自己的。那么，如果处在三个人的友谊阶段，我们该如何将三个人的友谊稳固化呢？在此，柠檬想提一点建议，培养“黄金规则”观念。

在人际交往中，有一种观念叫作“黄金规则”就是你希望别人怎么对你，那你就去怎么对待他。现实中我们总是认为，自己对别人好，别人也要相应地对我好，甚至更好，就像“我只把他当朋友，他也必须只能把我当朋友，只和我玩”。

这种想法其实是在反“黄金规则”，是一种不合理的信念，因为我们能够决定自己为别人做什么，但无法要求别人必须为我们做什么。就像一段友谊关系中，我们对对方做到了坦诚，就会觉得对方也必须把他的秘密告诉我们，否则就觉得对方不真诚。时间长了，这样的关系必然岌岌可危。

所以我们对自己或他人都不要抱着这种“必须”的信念或要求，换成“希望”或者“想要”，比如“我希望对方可以对我坦白”“我希望别人能注意我的感受”等。这样一来，即使别人没做到我们期望中的那样，我们也仅仅是失望，不会产生过于强烈的负面情绪。

最后柠檬想和大家说：友谊就和爱情一样，也是讲究缘分的。如果你真的努力了，但还是融不进这段关系中，那就不用强求了，要不然累的还是自己！

第七章

可以喜欢交朋友，但千万不要供祖宗

适当地对人说“不”，才能让你在社交中闪露出锋芒。

别害怕让别人失望

最近有一位朋友给我留言，说自己很难拒绝别人的请求，哪怕是自己不想做的事情。因为在他看来，如果自己拒绝了，别人就可能会失望，自己也会因此觉得愧疚万分。于是在令别人失望和委屈自己之间，他选择了后者。

柠檬觉得这应该是许多人在生活中纠结的问题。在与人交往的时候，我们都希望展现出自己善良、亲和的一面，也希望能得到别人的认可和称赞。但是在现实生活中，要做到这一点并不容易，而且经常会让自己陷入内心的冲突。

我们为什么会这么害怕让别人失望呢？这是因为，我们从小就被要求着做一个有爱心、乐于助人的人，但有些人对概念的理解是僵化的，他们认为所有需要帮助的请求都应被满足。在这种错误认知的支配下，他们会不加区别地完全满足他人。他们不会考虑客观情况，比如对方的这个需求是否合理，自己到底有没有能力去帮助他，等等。于是，形成了一种永远不要辜负别人的信念，这其实是心理僵化的一种表现。

还有，很多时候我们不计代价地满足别人的需要，是想通过对方的认可来提升自我的价值感。一个人的自我价值感来源于两个方面，一个是自己对自己的评价，另一个是他人对自己的评价。每个人都会有想获得别人认可的倾向，就会通过无条件地帮助别人，从而获得别人的称赞与认可的方式来增加自己的价值感。

此外，害怕让别人失望的人通常是没有自我边界意识的。每个人都应该为自己的人生负责，人与人之间是有一条边界的，哪些是应该自己负责的，哪些是可以寻求帮助的，都有一个界限。害怕拒绝别人、害怕让别人失望的人，其实是过多地卷入了别人的生活，替别人担负了他们本应该自己承担的责任。作为一个独立的人，在接到他人求助的时候，首先要综合考虑自己的实际能力，真实地表达自己的想法，哪怕会让别人失望。

在人际关系中，关于别人会如何评价我们，其实是一件很复杂的事情，它取决于很多因素，而且随着时间的变化，这种评价也会发生改变。很多时候并不是你对别人越好，得到的评价就越高。就像“斗米养恩，担米养仇”的道理，这就是因为给予过多。一直习惯性地帮助一个人，也让他习惯性地认为这一切是应该的，如果有一次因为某些原因，你没能帮助到他，他反而可能会怨恨你。

有时候让别人失望并不是一件多么可怕的事情，也并不会给你们的关系造成多大的伤害。而且，对一个人真正的帮助，也不是没有原则的满足。我们要有自己的分析，哪些帮助真的能帮助到对方，哪些事对他的成长有利，哪些问题又是需要他自己面对和承受的。同时，我们也应合理分配自己的时间和精力，让自己在帮助他人的过程中一次次得到完善和提升。

在此，只想再说一次，你可以让别人失望，这是你的权利。

当忍耐达到限度，我们该怎么办

前几天柠檬看到有一位朋友在后台留言抱怨，正准备考研的自己最近有些神经衰弱，本来整日与书作伴搞得自己有些头昏脑涨，回到合租屋想好好休息，不料室友们吵吵闹闹的搞得自己根本睡不着。

她的室友最近似乎是疯狂地沉迷于游戏与网剧，恨不得置身其中，做主角的代言人。这让她十分苦恼，学习时间、工作时间耳边都充满了室友小 A 的声音。这也罢了，大不了出门去图书馆看书，可在需要休息、掉根针都能听见的晚上，吵闹依旧。

她既气愤又无奈，就想找柠檬吐吐苦水，想了解一下“当别人把自己的一言不发当宽容的时候，自己究竟该怎么做”。

事实上，我们之所以会忍耐别人，无非是不想把彼此的关系推向一种糟糕的境地，也不想因为一点看似微不足道的小事斤斤计较。

但毕竟人的“忍耐是有限度的”，一味地忍让不一定就能让关系维持，适当地行动也不会影响双方的关系，所以当自己真的到了无法忍受的时候，不如试一试以下几种方法。

第一，审视自身。我们不能养成一种一发生什么事就从别人身上找问题的习惯，而因此忽略了自身的不足。细数自身的种种情绪，找出引发它们的原因，对症下药才能见效。

比如晚上难以入眠，先不要急着怪罪躺在身旁那个呼噜打得震天响的人，应该先仔细辨别自己当时的情绪，是兴奋的，还是忧愁的，然后想一想当天发生了哪些事，尤其那些让你感到兴奋或者忧虑的事，此时身边的呼噜声就只是让你睡不着的次要原因了。只要处理好自己的消极情绪，也就能一夜好梦了。

第二，委婉地表明对方令你无法忍耐的地方。审视自身问题之后，仍然发现对方的做法是影响自己的主要因素，那就委婉地告诉他。很多时候，可能是这样的一种状态，明明自己明确表达出了自己的希望，没有大吵大闹，也没有恶语相对，但过了一会儿他又恢复了原样。

这也许是你在表达的时候语气、神态错了。你的厌烦、你的情绪让他感觉到了你的不耐烦，这会让他很不舒服，尽管他当时暂时停下来了，但他不会就此约束自己，一会儿必然故态复萌。

第三，告诉对方自己的状况与情绪。有些时候，直接说出来也无妨。直接告诉他你的感受、你当前的状态，取得他理解并从行为上支持你，比如“亲爱的，我今天很累了，想早点休息”，“我今天晚上可能要熬夜写策划书，不会打扰到你们吧”，“我今天不知道怎么了，特别不开心，很想自己静一静”等。

本质上，每个人都是愿意为他人着想的，只是有些时候容易沉迷于某项简单的活动，由于太过忘我，过了度。只要我们稍加提醒，他们自然会明白并主动顾及我们的情绪的，大家可各自相安无事。

所以，柠檬也想提醒各位，人们习惯于将忍耐视作一项良好品质，但也不代表他会永远沉默，不要把一个人的忍耐当作宽容，揣在兜里，扔在脑后。相处是相互的，忍耐是有限的，试着多从他人的角度看问题，我们的人际关系才能不断改善。

不要对他人好得过度

有些人会有这样的困惑：为什么我对他这么好，他却与我越来越疏远了？每次他有事情需要帮助，我从来不会拒绝，哪怕我自己当时也有事情着急处理，我都会先帮助他，可结果呢，他却在不断地疏远我。

还有些人会遇到这种情况，你对一个人很好，但是慢慢地他把你的好当作理所当然。从一开始的请求你帮个小忙，渐渐地变成了命令，总感觉他是在指使你做事，这让你感到很不开心。

其实这些情况出现的原因并不复杂，也没有那么难懂，仅仅是因为你对他们太好了。要知道任何事情都是适度最好，过犹不及。

社会学家霍曼斯的交换理论认为，人与人的交往本质上是一种社会交换，这种交换同市场上的商品所遵循的交换原则一样，就是人们希望在交往中得到的与付出的能够平衡。

如果其中一方得到的大于他所付出的，这会使他感到无法回报或没有机会回报，心怀愧疚，长期有这种心理负担会使他选择疏远另外一方。这就是为什么当你多次帮助了一个人，反而使他和你的关系不像从前那么好了。

所以，在人际交往中，要学会有所保留。初入社交圈的人容易犯的一个错误，就是“好事一次做尽”，以为自己全心全意为对方做事，会使关系更融洽、更密切，但事实上并非如此。因为人如果一味地接受别人的付出，心理也会不平衡。所以，与人相处中不要把好事一次做尽。同时，也要学会适度地索取，如果你这次帮助了别人，当你需要别人帮助的时候，也可以大胆地找他帮忙。留有余地，或者给对方回报的机会，才能让你们的关系更加持久。

还有一种情况是，对方把你对他的好当成了理所当然。有句话是这样说的：“一个人做 9 次好事，1 次不做，就不是好人；而一个人做了 9 次坏事，1 次不做，就是好人。”潜在意思是你给予了一个人很多的帮助，突然一天不再给他，反而会引发他的不满，甚至还会得罪他，你在他的眼里也就成了一个坏人。所以，过犹不及，你总是给予一个人过度的帮助，时间一长，他会把这种帮助当成一种习惯，一种你应该对他做的事情。

夫妻相处也是一样，有时候，妻子对丈夫太好，生活上照顾得无微不至，什么事都对他百依百顺，反而会让丈夫轻视妻子的付出，因为太容易得到，就更容易被忽视。与此同时，当妻子感觉到对方对她的付出并不珍惜，就可能会引起妻子的怨恨和不满，然后就形成了感情上的恶性循环，不利于夫妻和睦相处。所以，在爱情关系里面，一个人不要只求付出，不求回报，而应该适当地向对方提出索取的要求，才能保持感情“天平”的平衡。

同样，在职场里，如果你一直都很好说话，同事会觉得你好欺负、容易利用，很多本该属于他们的工作就都会推给你来做。比如今天让你帮他处理一下一份文件，明天让你帮忙代一下他的班，久而久之，当你对他的帮助越来越多时，他就会把这看成理所应当的事，如果有一天你突然有事，帮不了他，反而会让他心生厌恶。所以对于一些自己不想做的事情要勇敢地拒绝，果断地说“不”，不要每次都想着“反正是同事，我就帮帮他”。

但是，生活中仍然有很多人习惯了给予，“不”字已经很难说出口。该怎么说“不”已经成了一门学问，最好的处理方式是既不伤害双方感情，又能达到拒绝的效果。

需要注意的是，无论你是怎样表达自己的意见，千万不可通过第三方加以拒绝。通过第三方的拒绝，一方面显示出自己懦弱的心态，另一方面也因为缺乏诚意而让对方更加反感，给双方的交往制造出不必要的障碍。

总之，对别人的好也要适度，过犹不及就会令事情走向反面。

学会说“不”，让生活更轻松

大家一定都看过《家有儿女》这部电视剧吧？不知道大家是否记得剧中有这样一集，主角夏东海一家迎来了新邻居，这家邻居父母彬彬有礼，女儿甜美可爱，可是特别喜欢向夏东海一家借东西。各种日常用品，小到剃须刀，大到折叠梯，全都被借了个遍，而且有借无还。夏东海和刘梅深感无奈，却又不好意思拒绝邻居的请求。

最后，终于忍无可忍，三个可爱的孩子夏雪、刘星和夏雨跑到这位“奇葩”的邻居家，把所有东西统统要了回来。

生活中的我们也常常让自己陷入一种尴尬的境地——明明不想答应别人的请求，却不敢开口拒绝，最后不得不硬着头皮履行自己的承诺，给自己带来各种各样的麻烦。所以，学会得体地拒绝，就成了人际交往中的必修课。

在这里，柠檬想要澄清一个事实，就是没有必要为“自己拒绝了别人”感到愧疚。

“拒绝”这种行为，其实有点违背人类本能。人类是群居动物，在进化的过程中，那些善于与别人合作、被部落人喜欢的人才能生存下来。为了存活，大脑会设置一些机制，减少人们“拒绝”行为的出现。比如，很多人在拒绝了别人之后，都会感到内疚。现代人也一样，无论是在办公室里，还是在邻里、朋友之间，都不可避免地希望“自己受人欢迎”，为了不让别人“觉得我们不合群”，所以才有了“不得不答应”。

但如今，随着社会分工越来越明确，我们对群体的依存性也有了很大程度的减弱，我们的自我意识增强了，人与人之间的边界感越来越清晰。许多时候，别人对我们的请求会给我们带来很大的麻烦，无底线地迎合别人也不能让我们更受欢迎，只会让别人更加肆无忌惮、变本加厉地向我们提出各种要求。此时，学会得体地拒绝，就显得十分重要了。

今天，柠檬就教你完美拒绝三招：

首先，不管是什么人，都先给予充分的尊重。这是“拒绝”中最为重要的一点。通常，让人不舒服的并不是拒绝行为的本身，而是拒绝时的态度和语言。所以，在拒绝别人时，最好表现出为难的语气和表情，让对方觉得你其实很想答应，只是实在无能为力，不至于对你产生怨恨。

比如，当别人邀请你去参加聚会，你并不想去，就要充分表达出自己的遗憾，用特别可惜的语气告诉对方：“哎呀，我真的很想去呢，可惜实在是去不了，只能拜托你替我向其他人问个好了，唉。”

其次，告诉别人你拒绝的理由。这样会更容易得到对方的理解，必要的时候还可以撒个小谎。比如前面咱们提到的《家有儿女》中的夏东海一家的例子，邻居来借电动剃须刀时，夏东海完全可以说："真不巧，我的剃须刀前两天发现有点漏电，已经送去修了，还没拿回来呢。"

不过，一旦决定撒谎，就一定要注意自己的后续行为，别让自己的谎言被对方看穿而惨遭"打脸"。

最后，在拒绝的时候，提出其他可能的资源或补偿方案。在清晰地拒绝别人、降低对方的心理期待后，可以提供自己掌握的可助资源及补偿方案。

比如，有人请你帮他找工作，你在拒绝他的时候可以推荐一些招聘网站，或推荐一个更能帮到他的人，为对方指一条出路，或做出其他形式的补偿。这样的处理方式不仅避免了得罪对方，还能让他感受到你确实把他的请求放在了心上，从而对你多了一份感激。

拒绝并不意味着你粗鲁，也不表示你不随和。毕竟，你也有自己优先的事务和需要，说"不"是你的权利，是一种"自我坚定"的体现。**一个成熟的人，应该是一个能够合理调配自己的时间和精力，不因迎合别人而丧失自我的人。**

拒绝别人与个人边界不清

生活中不知道各位有没有遇到过这样的情况：

你正忙得不可开交，同事如同没有看见一样，继续和你说："帮我做个报表吧，也不费什么事儿。"

当你正忙着考研复习的时候，同学过来跟你说："哎呀，别复习了，陪我出去逛街吧！"

有些人很爱提一些非常过分的要求，每次遇到这种情况，我们都会感到很有压力，但又不知道怎么拒绝，而且对拒绝这件事还会有愧疚感，其实这可能是因为你缺乏一个坚定的个人边界。

所以，今天我们就来聊聊个人边界。

个人边界是指我们建立起来的身体的、情感的、精神的界限，用来保护我们不受他人的操纵、利用和侵犯。这就很像我们所说的底线和原则，让我们知道我们可以接受什么、不能接受什么，以及当别人越过这些界限时自己该如何应对。

什么样的个人边界是不健康的，什么样的个人边界是健康的呢？

不健康的个人边界容易对他人的情绪和行为负责，或期待他人对自己的情绪和行为负责。拥有不健康个人边界的人，经常将他人的需求和感受看得比自己的更重要。当拒绝别人的要求时，会感到心情不好或愧疚；当他们被人刻薄对待时，也只会忍气吞声；有时他们为了讨好别人，还会放弃自身的信念，并且总是习惯性地通过别人的评价定义自己。

健康的个人边界是对自己的行为和情绪负责，而不是对别人的行为和情绪负责。这样的人能够承受自己的选择所带来的后果，还可以确保自己让别人也能为他们自己的行为负责。

听了这么多，那么究竟如何才能建立起一个健康的个人边界呢？我们不妨从以下几点做起：

第一，明确你有权"建立个人边界"。你当然有权保护自己的隐私，有权利拒绝别人。建立个人边界的过程，其实就是建立自我认同的过程。只有建立了明确而坚定的边界，才会受到别人的尊重。

第二，清楚你自己的感受比别人的需求和感受更重要。这看来也许有点"自私"，我们的文化里总是在要求我们，要多考虑家人、朋友甚至陌生人的感受。但首先我们要明白的就是，先自爱再爱人，讨好别人而放弃自己的边界，别人不会因此喜欢和尊重你的。

比如同事让你帮他做报表，尽管你内心真实的想法是"不想也不愿意"，但你还是帮他做了，他其实并不会因此就喜欢上你、感激你。

第三，明确哪些行为是你不可接受的。仔细回忆每一次你的个人边界被侵犯的经历，把你不能接受的事都列举出来，下次遇到同样的情景，试着用平和的语气直接向对方表明。

第四，尝试拒绝。如果别人提出了冒犯你边界的请求时，“生气”是一种非常好的办法，这无关小不小气，或开不开得起玩笑的问题。这里的“生气”并不是说大发雷霆地去指责对方，搞得大家都很不愉快，而是要让对方知道，这件事已经触及了你的个人边界，你拒绝他的请求是合情合理的。

建立了健康的个人边界之后，我们才会更加有勇气去拒绝一些无理的要求。

亲爱的，请把“对不起”换成“谢谢”

一次跟朋友出去逛街，在短短半天内，听到她说了五六次“对不起”，“对不起，让你等我这么久”“对不起，这个我帮不到你！”“对不起，这个菜上错了，换一下好吗”……

这让我很纳闷，上学时很自信的一个人，为什么现在会以“对不起”当口头禅呢？朋友向我解释说这样比较谦虚、礼貌，容易让别人有好感。

可真的是这样吗？

一般情况下，“对不起”表示道歉，在我们冒犯了别人，或者有错于对方时，用来缓和彼此关系的。

比如朋友迟到了一会，会对对方说“对不起”；打破别人东西时，脱口而出“对不起”；误解别人后，愧疚地说“对不起”，等等。可其实这些道歉的话，除了让自己安心，并不会让别人释然。对方反而会在你一遍遍的道歉中觉得不好意思，没办法生气和反驳，当然也不会有什么愉快的情绪。因为这个时候你给对方展示的是一种“我都说对不起了，你能拿我怎么样”的强势。

那么，生活中，到底怎样使用“对不起”才正确呢？其实“对不起”在生活中不止表达歉意这个用法，很多时候也被用来照顾别人的面子，避免带来难堪和不必要的麻烦。比如拒绝别人时的“对不起”和表达反对意见时的“对不起”就有着完全不同的深意。

但是这个用法一般用在不熟悉的人和正式场合上，当面对熟悉的朋友和亲密恋人的时候，过多地使用这个词语，只会让他们觉得难过和气愤。

这就是当相爱的两人即将分手时，其中一方对另外一方说出“对不起”时，让对方不能接受的主要原因。其实，这个时候“谢谢”要比“对不起”好用得多，比如“真的谢谢你，带给我这么美好的感受”“谢谢你这么长时间的陪伴和付出”，等等。以上面的方式结束一段感情还能引导对方说出他的委屈和不甘，这才会让双方都能在自己的心里画上句号。

当然，对待朋友也是一样，我们都明白这种情况下的“对不起”是客套用语，所以，对亲近的人做此表达，反而会拉开彼此的距离，而用感谢去表达，就不会造成这样的感觉了。当然，在说“谢谢”的同时，首先要找到整件事中积极的那一面。

以“对不起”开头，有时也能表达感谢和请求帮助的意思，一般情况下用于陌生人、服务员和公共场所，展现一个人的教养，比如催服务员上菜、要和超市收银员核对价格等。但这种谦虚、礼貌的方式，并非所有人都能领情，有些人会下意识地坦然接受你的“对不起”，非常自然地认为你就是不该打扰、麻烦他们，甚至会对你爱搭不理。那么，仍然是自信地用“谢谢”来表达自己的歉意，会取得更好的结果。

比如：“您好，这个价钱和标签有出入，麻烦再核对一下，谢谢！”“您好，这边点餐很久了，能催一下吗，谢谢。”这样的表达方式让对方首先注意到的是我们的需求，而能在做分内事时得到别人的感谢，也是一件非常愉快的事，所以他们就会更愿意做出与之相对应的行动。

在日常生活中少不了“对不起”三个字，但习惯性将错归于自己，不但会增加自己的自卑感，还容易让自己自暴自弃，甚至产生“破罐子破摔”的想法。但“谢谢”却是一种积极的回应，通过主动寻找别人的优点，自信地说出自己的需求，能不断提高自己的亲和力与干练气质。而且说“谢谢”也是在回报他人，由此形成一种良性的互动。

此外，生活中由于一些不当的行为或者过失，给他人带来不愉快，当这种不愉快即将影响到彼此的关系时，真诚地表达自己的歉意无疑是缓和双方关系的利器。但是，向对方说“对不起”来表达自己的歉意，有时可能收效甚微，甚至完全无效。如果想实现真正意义上的缓和，反而是“谢谢”会让对方有了被理解和认同的感受，给人的感觉也会更好。

比如迟到时，你说“谢谢你，耐心等待了这么久”；产生误会时，你说“谢谢你，能理解我”；打破东西时，你说“谢谢你，没有责怪我的鲁莽”……由于谢意的表达肯定了他人行为的价值，所以就更容易被人接受。在与人交往时，放大事情中的积极面，往往会让我们与他人的相处变得轻松、自在。

所以，亲爱的，不论你和我是什么关系，用“谢谢”来替代“对不起”吧！你不用愧疚，我也会更加开心。

为什么你做事喜欢随大流

当你的意见与多数人的不同时，你是勇敢地表达出来，还是默默咽下心中的疑惑？

当大家纷纷说着“食盐要没有啦，赶紧去超市抢”时，你会不会跟随他们一起去疯狂抢购？

“大家都这么做，所以我好像也应该这样”，相信有着这样想法的人不在少数。

这就是柠檬今天想和你讨论的话题——从众。

从众，是我们在群体压力下改变自己原先的想法的心理现象。就是说，当身边大多数人做的事与你的想法相悖时，你会选择跟从他们。这种现象的出现很大程度上是因为我们都是群居动物，无法在群体压力下坚持自己。

《乌合之众》的作者古斯塔夫·勒庞认为，在群体中每一种情感和行为都极具感染性。想想看，如果你有一天被大家集体孤立，那种感觉是不是很可怕？正是因为恐惧被孤立，害怕成为异类被攻击，所以我们不自觉地追随大众普遍认同的东西，丧失了自己的判断能力，抛弃了自己原本的意见，向大众看齐，去换取那份让人倍感安全的归属感。

就像很多人跟柠檬说的那样："当我决定跟大家做一样的事之后，我觉得自在多了。"

比如，你真的觉得oversized毛衣、超长喇叭袖以及阔腿裤很好看吗？柠檬认为，肯定不是所有人都喜欢，可是为什么我们都一窝蜂地跟着买呢？因为大家都说它很"潮"，如果我说"我不觉得它好看啊"，我就会被围攻"你欣赏不了潮流"。如果我不穿oversized毛衣和阔腿裤，或者穿牛仔裤不露出脚踝，我就会被说"穿得太土气"，那么与其说出自己的心声，被人吐槽"土气"，还不如顺从大众观点，让自己心里舒服，至少这是大家都认可的审美。

比如在某个会场，专家正在做分享，所有人都认为这位专家很牛、很厉害，而你不为所动。这个时候，你会站出来反驳吗？

从众的另一个原因在于，我们都希望用最简单的办法解决问题，因此当我们遇到一个不确定情境时，会选择加入大众，感觉那是最不会犯错的一种解决办法。

例如之前"海水污染，食盐就要买不到了"的流言出来时，大家一拥而上去抢购，因为与其浪费脑力去思考这个流言真实与否，不如快速地加入购买的群体，就算错了，也有很多人和我一起承担这个错误的后果。

"从众"究竟会带给我们什么样的影响呢？到底是一件好

事，还是一件坏事？真的很难定义。有时候“从众”可以让我们更快地解决问题，更好地被大众接受；但有时“从众”又会抹杀我们的思想和创造力，让我们变得人云亦云、缺乏主见，很快就沦为生活中的大多数。

柠檬认为，从众并不可怕，但盲从绝对不可取。关键是你要有分辨是非的能力。去从“好”的众，去从善如流，拒绝盲目跟风，保有内心的原则，又有何不可？

柠檬絮语

亲爱的朋友：

感谢你翻阅到了最后，每天与我在一起，不知道你是不是更开心一点了呢？

我就是书里提到的柠檬，也是国内最大的女性心理成长公益服务平台。朋友们从各处和我互动的次数总共超过 8 亿次这么多，能经常和我在一起的小伙伴也已经超过了 500 万人。我多希望你也能加入我们这个大家庭呀。

我们都来自世界各地，可能每天都会面临很多问题，比如：

又被催婚了。
什么，相亲的对象居然看不上我！
那个人到底喜欢不喜欢我呢？
好孤单，好想跟朋友约饭，可是翻遍通讯录也找不到那个人。

不想说话，不想聚会，只想一个人闷在家里。

内心空落落的，好像失去了奋斗的动力。

不好意思拒绝别人，却常常让自己很受伤。

一点火就炸毛，经常伤人伤己，可是真的控制不住脾气。

孩子老是不听话，气得我肝疼。

别担心，在这里柠檬就是你最贴心的情感树洞。

我们有资深的心理专家帮你免费咨询，有专业准确的心理测试帮你了解自己，更有很多志同道合的姐妹陪你一起成长。

我们愿意成为你的支撑，陪你一起享受幸福，慢慢变好。

我是柠檬，我永远爱你。如果想要联系我，可以扫码来看看我呀。

柠檬心理课堂

爱你们的柠檬